Coltivazione Idroponica

Manuale facile e completo per imparare da zero con le migliori tecniche aggiornate

Indice

I. Introduzione alla coltivazione idroponica............15
- 1. Concetto di coltivazione idroponica....................16
- 2. Utilizzo delle soluzioni nutrienti..........................17
- 3. Vantaggi della coltivazione idroponica..............19

II. Benefici della coltivazione idroponica..............21
- 1. Risparmio di acqua..21
- 2. Crescita più rapida e vigorosa delle piante............22
- 3. Controllo preciso dei nutrienti...........................23
- 4. Riduzione dell'uso di pesticidi e fertilizzanti............24
- 5. Flessibilità nella progettazione dello spazio di coltivazione..26

III. Fondamenti della coltivazione idroponica: principi e concetti chiave............29
- 1. Definizione di coltivazione idroponica..................29
- 2. Principio di capillarità......................................30
- 3. Controllo dei parametri ambientali......................31
- 4. Scelta del sistema idroponico.............................33
- 5. Ruolo della soluzione nutritiva...........................34

IV. Sistemi idroponici: panoramica e tipologie..........37
- 1. Panoramica dei sistemi idroponici......................37
- 2. Sistemi idroponici a goccia...............................39
- 3. Sistemi idroponici a flusso e riflusso....................41
- 4. Sistemi idroponici NFT....................................43
- 5. Sistemi idroponici aeroponici............................45

V. Scelta del sistema idroponico più adatto alle tue esigenze............47

   1. Valutazione delle esigenze di coltivazione.............47
   2. Analisi dei vantaggi e delle limitazioni dei diversi sistemi................48
   3. Consigli sulla scelta del sistema più adatto............50
   4. Esempi di casi di studio................51
   5. Considerazioni finali e raccomandazioni...............53

VI. Selezione dei substrati e dei supporti di crescita..55

   1. Tipologie di substrati idroponici............55
   2. Considerazioni nella selezione del substrato.........58
   3. Ruolo dei supporti di crescita...............60
   4. Aspetti pratici nella selezione dei supporti di crescita 62
   5. Considerazioni finali nella selezione dei substrati e dei supporti di crescita.........63

VII. Gestione dell'acqua e dei nutrienti nelle coltivazioni idroponiche...............65

   1. Approvvigionamento idrico nei sistemi idroponici...65
   2. Fornitura di nutrienti................66
   3. Monitoraggio e controllo dei parametri ambientali..68
   4. Efficienza nell'uso dell'acqua e dei nutrienti...........69
   5. Sfide e soluzioni................71

VIII. Regolazione del pH e dell'EC nell'ambiente idroponico................73

   1. Introduzione alla regolazione del pH e dell'EC.......73
   2. Importanza della regolazione del pH.....................74
   3. Tecniche di regolazione del pH...............75

4. Importanza della conducibilità elettrica (EC)..........77
5. Metodi per regolare l'EC...................................79
IX. Illuminazione per la coltivazione idroponica: tipi e requisiti..................81

   1. Introduzione all'illuminazione idroponica................81
   2. Luce naturale vs luce artificiale...........................82
   3. Tipi di lampade per la coltivazione idroponica........84
      3.1 Lampade a LED (Light Emitting Diode)...........84
      3.2 Lampade a fluorescenza..........................85
      3.3 Lampade ad alogeni e al sodio ad alta pressione (HPS)..........85
      3.4 Lampade a induzione magnetica........................85
   4. Requisiti di illuminazione per le piante....................86
      4.1 Intensità luminosa....................................86
      4.2 Spettro luminoso.....................................86
      4.3 Durata della luce.....................................86
      4.4 Uniformità dell'illuminazione......................87
      4.5 Controllo della temperatura luminosa...............87
   5. Calcolo della potenza luminosa e distribuzione della luce..................88
      5.1 Determinazione della potenza luminosa necessaria..........89
      5.2 Scelta delle lampade.................................89
      5.3 Posizionamento delle lampade......................89
      5.4 Distribuzione della luce.............................89
      5.5 Monitoraggio e regolazione.........................90

X. Controllo dell'umidità e della temperatura nell'ambiente di coltivazione..................91

1. Importanza del controllo dell'umidità.......................91
2. Metodi per misurare l'umidità.................................92
3. Tecniche per regolare l'umidità...............................93
4. Ruolo della temperatura nella coltivazione idroponica..95
5. Misurazione e regolazione della temperatura.........97

XI. Selezione delle piante adatte alla coltivazione idroponica..99

1. Selezione delle piante adatte alla coltivazione idroponica..99
2. Fattori da considerare nella scelta delle piante....100
3. Esempi di piante adatte alla coltivazione idroponica 101
4. Strategie per la selezione delle varietà vegetali...102
5. Considerazioni finali nella selezione delle piante. 103

XII. Preparazione del giardino idroponico: installazione e montaggio del sistema......................105

1. Scelta del luogo di installazione...........................105
2. Montaggio del sistema di coltivazione..................106
3. Connessione degli elementi..................................107
4. Test e regolazioni iniziali.......................................109
5. Manutenzione e monitoraggio continuo...............111
6. Ottimizzazione e aggiustamenti...........................112

XIII. Propagazione delle piante in ambiente idroponico 115

1. Metodi di propagazione in ambiente idroponico...115
2. Preparazione dei materiali e delle attrezzature necessarie..117

3. Procedura per la propagazione delle piante 119
4. Monitoraggio e gestione delle condizioni durante la propagazione 121
5. Considerazioni finali e raccomandazioni 122

XIV. Trapianto e gestione delle piantine in crescita. 125

1. Preparazione delle piantine per il trapianto 125
2. Procedura di trapianto 126
3. Gestione post-trapianto 127
4. Adattamento delle piantine al nuovo ambiente 129
5. Considerazioni finali e raccomandazioni 130

XV. Gestione quotidiana del giardino idroponico: irrigazione, nutrizione, e monitoraggio 133

1. Irrigazione nel giardino idroponico 134
   1.1 Irrigazione a goccia 134
   1.2 Irrigazione per nebulizzazione 134
   1.3 Irrigazione per immersione 134
   1.4 Irrigazione per flusso e riflusso 135
   1.5 Irrigazione per aspersione 135
   1.6 Irrigazione a foglia 135
2. Nutrizione delle piante 136
   2.1 Composizione della soluzione nutrienti 136
   2.2 Regolazione del pH 136
   2.3 Monitoraggio della conducibilità elettrica (EC) 137
   2.4 Ciclo di nutrizione 137
   2.5 Integrazione di nutrienti 137
3. Monitoraggio dei parametri ambientali 138

3.1 Temperatura..138
3.2 Umidità relativa...138
3.3 Luminosità...138
3.4 Ventilazione...139
3.5 pH e conducibilità elettrica (EC)..........................139
4. Regolazione dei livelli di pH e EC..........................139
4.1 Regolatori di pH..140
4.2 Soluzioni tampone...140
4.3 Sostituzione della soluzione nutritiva.....................140
4.4 Monitoraggio e regolazione dell'EC.........................140
4.5 Uso di filtri e sistemi di purificazione...................141
5. Gestione delle potenziali problematiche....................141
5.1 Malfunzionamenti del sistema...............................141
5.2 Malattie delle piante.......................................142
5.3 Parassiti e infestazioni....................................142
5.4 Variazioni ambientali.......................................142
5.5 Stress delle piante...143

XVI. Problemi comuni nella coltivazione idroponica e soluzioni pratiche..145

1. Problema: Alghe in eccesso..................................145
2. Problema: Muffa radicale....................................146
3. Problema: pH instabile......................................148
4. Problema: Carenza di ossigeno...............................149
5. Problema: Accumulo di sale..................................150

XVII. Ottimizzazione delle rese e dei rendimenti nelle coltivazioni idroponiche..151

1. Scelta delle varietà..151

2. Gestione dei nutrienti..152
3. Ottimizzazione dell'illuminazione........................154
4. Controllo dell'umidità e della temperatura............155
5. Gestione dell'acqua e dell'irrigazione....................157

XVIII. Gestione dei rifiuti e della sostenibilità in coltivazioni idroponiche...159

1. Tipologie di rifiuti..159
2. Riduzione dei rifiuti organici..................................160
3. Riciclaggio dei nutrienti...162
4. Utilizzo di materiali sostenibili...............................163
5. Monitoraggio dell'impronta ambientale.................165

XIX. Prospettive future e sviluppi tecnologici nella coltivazione idroponica...169

1. Avanzamenti nella Tecnologia di Monitoraggio....169
2. Sviluppo di Sistemi di Coltivazione Verticale........170
3. Integrazione di Tecnologie di Illuminazione Avanzate 171
4. Applicazioni di Intelligenza Artificiale e Apprendimento Automatico................................172
5. Esplorazione di Nuovi Materiali per Substrati e Contenitori...174
6. Sviluppo di Sistemi Integrati di Gestione delle Risorse..175

XX. Esempi pratici e studi di casi di successo in coltivazioni idroponiche...177

1. Studio di caso: Coltivazione verticale in ambiente urbano..177
2. Esperienza di un'azienda agricola familiare..........179

3. Progetto di coltivazione idroponica in ambienti remoti 180
4. Innovazioni tecnologiche nell'agricoltura verticale 182
5. Collaborazioni tra agricoltori e scienziati 183

🎁 **Alla fine di questo libro troverai un regalo esclusivo!**

Coltivazione Idroponica

Manuale facile e completo per imparare da zero con le migliori tecniche aggiornate

I. Introduzione alla coltivazione idroponica

1. Concetto di coltivazione idroponica

Il concetto di coltivazione idroponica rappresenta un'innovativa metodologia agricola che rivoluziona il tradizionale approccio alla crescita delle piante, eliminando l'uso del terreno e sostituendolo con soluzioni nutrienti ricche e controllate. In questo sistema, le piante vengono coltivate in un ambiente privo di suolo, dove le radici sono immerse direttamente in una soluzione nutritiva appositamente formulata per soddisfare le loro esigenze di crescita. Questo approccio consente alle piante di assorbire facilmente e efficacemente i nutrienti di cui necessitano, senza doverli estrarre da un substrato terroso.

Il concetto alla base della coltivazione idroponica è quello di fornire alle piante un ambiente ottimale per la crescita, controllando attentamente fattori come l'umidità, la temperatura, il pH e la concentrazione di nutrienti nella soluzione nutritiva. Questo controllo preciso consente di massimizzare il rendimento delle colture e di ottenere raccolti più sani e vigorosi. Inoltre, la coltivazione idroponica offre una maggiore flessibilità nella progettazione dello spazio di coltivazione, poiché le piante possono essere coltivate in ambienti interni o esterni, su terrazze, balconi o addirittura su pareti verticali.

Questo innovativo approccio alla coltivazione delle piante presenta una serie di vantaggi rispetto alla coltivazione tradizionale. Oltre a consentire un maggiore controllo sulle condizioni di crescita delle piante, la coltivazione idroponica permette un risparmio significativo di acqua, poiché riduce notevolmente l'evaporazione e il drenaggio rispetto alla coltivazione su terreno. Inoltre, riduce l'uso di pesticidi e fertilizzanti, contribuendo così a un'agricoltura più sostenibile e rispettosa dell'ambiente.

In sintesi, il concetto di coltivazione idroponica si basa sull'idea di fornire alle piante un ambiente ottimale per la crescita, utilizzando soluzioni nutrienti controllate al posto del terreno tradizionale. Questo approccio offre una serie di vantaggi, tra cui un maggiore controllo sulle condizioni di crescita, un risparmio di acqua e una riduzione dell'uso di pesticidi e fertilizzanti.

2. Utilizzo delle soluzioni nutrienti

Nella coltivazione idroponica, l'utilizzo delle soluzioni nutrienti svolge un ruolo fondamentale nel fornire alle piante i nutrienti essenziali per la crescita e lo sviluppo ottimali. Queste soluzioni sono appositamente formulate per fornire una gamma completa di sostanze nutritive, tra cui azoto, fosforo, potassio e una serie di micronutrienti necessari per il sano sviluppo delle piante.

Le soluzioni nutrienti possono essere preparate utilizzando ingredienti specifici, come sali minerali e composti chimici, che vengono accuratamente dosati per soddisfare le esigenze specifiche delle piante in crescita. È fondamentale mantenere un equilibrio appropriato tra i diversi nutrienti per evitare carenze o eccessi che potrebbero compromettere la salute e la produttività delle piante.

Uno degli aspetti cruciali nell'utilizzo delle soluzioni nutrienti è il monitoraggio costante dei livelli di pH e conducibilità elettrica (EC) della soluzione. Il pH influisce sulla disponibilità dei nutrienti per le piante, mentre l'EC misura la concentrazione complessiva dei sali nella soluzione. Mantenere il pH e l'EC nella gamma ottimale è essenziale per garantire che le piante possano assorbire efficacemente i nutrienti di cui hanno bisogno.

Oltre alla preparazione e al monitoraggio delle soluzioni nutrienti, è importante anche considerare la qualità dell'acqua utilizzata. L'acqua dovrebbe essere priva di contaminanti e sostanze nocive che potrebbero influenzare negativamente la salute delle piante e la composizione della soluzione nutrienti. L'uso di sistemi di filtraggio e trattamento dell'acqua può aiutare a garantire che l'acqua utilizzata per preparare le soluzioni nutrienti sia pulita e sicura per le piante.

Infine, è importante considerare la frequenza e il metodo di somministrazione delle soluzioni nutrienti alle piante. Questo può variare a seconda del sistema idroponico utilizzato e delle esigenze specifiche delle piante in crescita. Alcuni sistemi utilizzano un'irrigazione a ciclo continuo, mentre altri potrebbero richiedere un'irrigazione manuale o automatizzata. È importante seguire le linee guida specifiche per il sistema idroponico in uso e adattare il regime di alimentazione alle esigenze delle piante.

In conclusione, l'utilizzo delle soluzioni nutrienti è un elemento chiave nella coltivazione idroponica, fornendo alle piante i nutrienti essenziali per la crescita e la produttività ottimali. È fondamentale preparare, monitorare e somministrare le soluzioni nutrienti correttamente per garantire il successo del giardino idroponico.

3. Vantaggi della coltivazione idroponica

I vantaggi della coltivazione idroponica sono numerosi e diversificati, contribuendo a renderla una scelta sempre più popolare tra i coltivatori di tutto il mondo. Uno dei principali vantaggi è rappresentato dal risparmio di acqua, una risorsa sempre più preziosa. Rispetto alla coltivazione tradizionale, che richiede un'irrigazione più frequente e un consumo significativo di acqua per mantenere il terreno umido, la coltivazione idroponica consente di ridurre notevolmente il consumo idrico, fino al 90% in alcuni casi. Questo è possibile grazie alla capacità dei sistemi idroponici di riciclare e riutilizzare l'acqua in modo efficiente, riducendo al minimo gli sprechi e l'evaporazione.

Un altro vantaggio importante della coltivazione idroponica è rappresentato dalla crescita più rapida e vigorosa delle piante. Senza la competizione delle erbe infestanti e con un accesso diretto ai nutrienti, le piante coltivate in idroponica tendono a svilupparsi più velocemente e in modo più robusto rispetto a quelle coltivate su terreno. Questo si traduce in cicli di crescita più brevi e in una maggiore produttività complessiva del giardino idroponico.

Inoltre, la coltivazione idroponica offre un maggiore controllo sui nutrienti forniti alle piante, consentendo ai coltivatori di ottimizzare la composizione della soluzione nutritiva in base alle esigenze specifiche delle piante in crescita. Questo controllo preciso riduce il rischio di carenze o eccessi nutrizionali, garantendo una crescita sana e vigorosa delle piante e una maggiore qualità dei raccolti.

Un altro vantaggio significativo della coltivazione idroponica è la riduzione dell'uso di pesticidi e fertilizzanti. Poiché le piante ricevono direttamente i nutrienti di cui hanno bisogno attraverso la soluzione nutritiva, c'è meno rischio di contaminazione del suolo e delle acque sotterranee da parte di sostanze chimiche nocive. Ciò non solo promuove la salute delle piante e degli ecosistemi circostanti, ma contribuisce anche a una maggiore sicurezza alimentare per i consumatori finali.

Infine, la coltivazione idroponica offre una maggiore flessibilità nella progettazione e nell'organizzazione dello spazio di coltivazione. Poiché non è necessario utilizzare il terreno, è possibile coltivare piante in ambienti interni o esterni, su terrazze, balconi o addirittura su pareti verticali. Questa flessibilità consente ai coltivatori di ottimizzare lo spazio disponibile e di adattare la loro produzione alle esigenze specifiche del loro contesto.

In sintesi, i vantaggi della coltivazione idroponica sono molteplici e significativi, contribuendo a renderla una scelta sempre più attraente per i coltivatori di tutto il mondo. Il risparmio di acqua, la crescita più rapida e vigorosa delle piante, il controllo preciso dei nutrienti, la riduzione dell'uso di pesticidi e fertilizzanti e la flessibilità nella progettazione dello spazio di coltivazione sono solo alcuni dei benefici che la coltivazione idroponica può offrire.

II. Benefici della coltivazione idroponica

1. Risparmio di acqua

Il risparmio di acqua è uno dei principali vantaggi della coltivazione idroponica, poiché questa tecnica consente di utilizzare l'acqua in modo estremamente efficiente rispetto alla coltivazione tradizionale. In un sistema idroponico, l'acqua viene riciclata e riutilizzata continuamente, riducendo al minimo gli sprechi e l'evaporazione. Questo è reso possibile dall'uso di sistemi di recupero e filtraggio dell'acqua che consentono di mantenere una fornitura costante e pulita di acqua per le piante.

Inoltre, poiché le piante ricevono direttamente i nutrienti di cui hanno bisogno attraverso la soluzione nutritiva, non c'è bisogno di irrigare il terreno circostante, riducendo ulteriormente il consumo di acqua. Questo è particolarmente vantaggioso in aree caratterizzate da scarse risorse idriche o periodi di siccità, dove la conservazione dell'acqua è essenziale per la sostenibilità agricola.

Inoltre, il risparmio di acqua si traduce in costi ridotti per i coltivatori, poiché meno acqua viene utilizzata nei processi di irrigazione e nutrizione delle piante. Complessivamente, il risparmio di acqua è un importante beneficio della coltivazione idroponica che contribuisce alla sua crescente popolarità e alla sua rilevanza nell'ambito dell'agricoltura sostenibile.

2. Crescita più rapida e vigorosa delle piante

La coltivazione idroponica offre un ambiente ottimale per la crescita delle piante, consentendo loro di svilupparsi più rapidamente e vigorosamente rispetto alla coltivazione tradizionale. Questo è dovuto a diversi fattori che favoriscono una crescita più veloce e robusta delle piante in un sistema idroponico. In primo luogo, senza la competizione delle erbe infestanti e con un accesso diretto ai nutrienti, le piante hanno la possibilità di concentrare le proprie energie sulla crescita e sullo sviluppo, anziché sulla lotta per ottenere risorse dal terreno circostante.

Inoltre, la costante disponibilità di acqua e nutrienti nella soluzione nutritiva permette alle piante di crescere in modo continuo e senza interruzioni, senza dover affrontare periodi di stress idrico o carenze nutrizionali. Questo favorisce una crescita costante e uniforme delle piante, che si traduce in raccolti più abbondanti e di migliore qualità. Inoltre, la maggiore efficienza nell'assorbimento dei nutrienti da parte delle radici delle piante in un ambiente idroponico contribuisce a una crescita più rapida e vigorosa. Le radici delle piante possono assorbire direttamente i nutrienti dalla soluzione nutritiva senza doverli estrarre da un substrato terroso, il che consente loro di utilizzare più efficacemente le risorse disponibili per la crescita e lo sviluppo.

Infine, la maggiore disponibilità di ossigeno alle radici delle piante in un sistema idroponico favorisce la respirazione delle radici e stimola la produzione di massa radicale, migliorando ulteriormente la capacità delle piante di assorbire nutrienti e di crescere in modo vigoroso. In sintesi, la crescita più rapida e vigorosa delle piante è uno dei principali vantaggi della coltivazione idroponica, che contribuisce a renderla una scelta sempre più popolare tra i coltivatori di tutto il mondo.

3. Controllo preciso dei nutrienti

Il controllo preciso dei nutrienti rappresenta uno degli aspetti fondamentali della coltivazione idroponica, consentendo ai coltivatori di ottimizzare la composizione della soluzione nutritiva in base alle esigenze specifiche delle piante in crescita. Questo livello di controllo offre numerosi vantaggi che contribuiscono al successo e alla produttività del giardino idroponico.

Per garantire un controllo preciso dei nutrienti, è essenziale comprendere le esigenze nutrizionali delle piante in fase di crescita. Ogni tipo di pianta richiede una specifica combinazione di nutrienti per crescere in modo sano e vigoroso. Ad esempio, le piante in fase vegetativa potrebbero necessitare di una maggiore quantità di azoto per sostenere la crescita delle foglie e dei germogli, mentre le piante in fase di fioritura potrebbero richiedere una maggiore quantità di fosforo e potassio per sostenere lo sviluppo dei fiori e dei frutti. Comprendere queste esigenze nutrizionali è fondamentale per preparare una soluzione nutritiva bilanciata e ottimizzata per le piante in crescita.

Una volta comprese le esigenze nutrizionali delle piante, è possibile preparare una soluzione nutritiva appositamente formulata per soddisfare tali esigenze. Questo può essere fatto utilizzando una varietà di sali minerali e composti chimici, che vengono accuratamente dosati e miscelati per ottenere la composizione desiderata. È importante prestare attenzione alla concentrazione di ciascun nutriente nella soluzione nutritiva, poiché eccessi o carenze possono influenzare negativamente la salute e la produttività delle piante.

Una volta preparata la soluzione nutritiva, è fondamentale monitorare costantemente i livelli di pH e conducibilità elettrica (EC) della soluzione. Il pH influisce sulla disponibilità dei nutrienti per le piante, mentre l'EC misura la concentrazione complessiva dei sali nella soluzione. Mantenere il pH e l'EC nella gamma ottimale è essenziale per garantire che le piante possano assorbire efficacemente i nutrienti di cui hanno bisogno. Questo può essere fatto utilizzando kit di test o strumenti di misurazione appositi.

Infine, è importante adattare la composizione della soluzione nutritiva alle esigenze delle piante in crescita durante le diverse fasi del loro ciclo di vita. Ciò può richiedere aggiustamenti periodici dei livelli di nutrienti e del pH della soluzione, per garantire che le piante ricevano sempre ciò di cui hanno bisogno per crescere in modo sano e vigoroso.

In conclusione, il controllo preciso dei nutrienti è un aspetto cruciale della coltivazione idroponica, che consente ai coltivatori di ottimizzare la crescita e la produttività delle loro piante. Comprendere le esigenze nutrizionali delle piante, preparare una soluzione nutritiva bilanciata, monitorare i livelli di pH e conducibilità elettrica e adattare la composizione della soluzione alle esigenze delle piante sono tutte pratiche essenziali per garantire il successo del giardino idroponico.

4. Riduzione dell'uso di pesticidi e fertilizzanti

La riduzione dell'uso di pesticidi e fertilizzanti è un altro significativo vantaggio della coltivazione idroponica. Questo approccio innovativo alla coltivazione delle piante elimina la necessità di utilizzare grandi quantità di sostanze chimiche per proteggere le colture da parassiti e malattie, riducendo così l'impatto ambientale e migliorando la salute delle piante stesse.

Nella coltivazione idroponica, le piante sono coltivate in un ambiente controllato e sterile, che riduce drasticamente il rischio di contaminazione da patogeni e insetti dannosi. Poiché le radici delle piante sono immerse direttamente in una soluzione nutritiva, non c'è terreno esposto dove parassiti e malattie possono proliferare. Questo riduce notevolmente la necessità di utilizzare pesticidi chimici per proteggere le piante, rendendo la coltivazione idroponica un'opzione più sostenibile e rispettosa dell'ambiente.

Inoltre, la riduzione dell'uso di fertilizzanti chimici è un altro importante vantaggio della coltivazione idroponica. Poiché le piante ricevono direttamente i nutrienti di cui hanno bisogno attraverso la soluzione nutritiva, non c'è bisogno di utilizzare fertilizzanti a base di sostanze chimiche per fornire loro i nutrienti essenziali. Questo non solo riduce i costi associati all'acquisto e all'applicazione di fertilizzanti, ma riduce anche il rischio di contaminazione del suolo e delle acque sotterranee da parte di sostanze chimiche nocive.

Inoltre, la riduzione dell'uso di pesticidi e fertilizzanti contribuisce a migliorare la qualità dei prodotti coltivati in idroponica. Poiché le piante non vengono esposte a residui di pesticidi e fertilizzanti chimici, sono meno suscettibili alla contaminazione e più sicure per il consumo umano. Questo è particolarmente importante per coloro che cercano prodotti alimentari sani e privi di sostanze chimiche nocive.

Infine, la riduzione dell'uso di pesticidi e fertilizzanti si traduce in benefici a lungo termine per l'ambiente. La minore quantità di sostanze chimiche utilizzate significa meno inquinamento dell'aria, del suolo e dell'acqua, contribuendo a preservare gli ecosistemi naturali e a proteggere la biodiversità.

In conclusione, la riduzione dell'uso di pesticidi e fertilizzanti è un importante beneficio della coltivazione idroponica che contribuisce alla sua crescente popolarità e rilevanza nell'ambito dell'agricoltura sostenibile e rispettosa dell'ambiente.

5. Flessibilità nella progettazione dello spazio di coltivazione

La flessibilità nella progettazione dello spazio di coltivazione è uno dei vantaggi distintivi della coltivazione idroponica, consentendo ai coltivatori di adattare il loro giardino alle esigenze specifiche del loro ambiente e delle loro piante. Questo approccio innovativo offre una serie di opzioni per la disposizione e l'organizzazione dello spazio di coltivazione, consentendo di massimizzare l'efficienza e l'utilizzo dello spazio disponibile.

Uno dei principali vantaggi della flessibilità nella progettazione dello spazio di coltivazione è la possibilità di coltivare piante in ambienti interni o esterni, su terrazze, balconi o addirittura su pareti verticali. Questo è particolarmente vantaggioso per coloro che hanno spazi limitati o vivono in ambienti urbani, dove lo spazio per il giardinaggio può essere limitato. Con la coltivazione idroponica, è possibile sfruttare al massimo anche lo spazio più piccolo, consentendo di coltivare una vasta gamma di piante in luoghi altrimenti inutilizzati.

Inoltre, la flessibilità nella progettazione dello spazio di coltivazione consente ai coltivatori di adattare il loro giardino alle esigenze specifiche delle loro piante. Ad esempio, è possibile regolare la dimensione e la disposizione dei sistemi idroponici in base alle esigenze di spazio e luce delle piante in crescita. È possibile utilizzare sistemi idroponici a goccia, a flusso e riflusso, o a film nutritivo, a seconda delle preferenze e delle esigenze delle piante coltivate.

Inoltre, la flessibilità nella progettazione dello spazio di coltivazione consente ai coltivatori di sfruttare al meglio le condizioni ambientali disponibili. Ad esempio, è possibile posizionare i sistemi idroponici in luoghi dove possono beneficiare al massimo della luce solare, della protezione dal vento o dalle variazioni di temperatura. Questo permette di creare un ambiente ottimale per la crescita delle piante, massimizzando la produttività e la qualità dei raccolti.

Infine, la flessibilità nella progettazione dello spazio di coltivazione consente ai coltivatori di sperimentare con una vasta gamma di piante e tecniche di coltivazione. Con la coltivazione idroponica, è possibile coltivare una varietà di piante, dalle erbe aromatiche e verdure a foglia verde alle piante da frutto e da fiore, senza dover preoccuparsi della compatibilità del terreno o delle condizioni climatiche. Questo permette ai coltivatori di espandere le loro conoscenze e competenze nel campo della coltivazione e di sperimentare con nuove e innovative tecniche di coltivazione.

In conclusione, la flessibilità nella progettazione dello spazio di coltivazione è un importante vantaggio della coltivazione idroponica che consente ai coltivatori di adattare il loro giardino alle esigenze specifiche del loro ambiente e delle loro piante, massimizzando la produttività e la qualità dei raccolti.

III. Fondamenti della coltivazione idroponica: principi e concetti chiave

1. Definizione di coltivazione idroponica

La coltivazione idroponica rappresenta una metodologia rivoluzionaria nell'ambito dell'agricoltura moderna, che abbraccia un approccio innovativo alla produzione di piante senza l'uso tradizionale del suolo. Invece di dipendere dal terreno per fornire sostegno strutturale e nutrienti alle radici delle piante, la coltivazione idroponica sfrutta soluzioni nutrienti liquide come veicolo principale per la fornitura di nutrienti direttamente alle radici. Questo metodo permette un controllo senza precedenti sulle condizioni di crescita delle piante, garantendo un ambiente ottimale per lo sviluppo delle radici e la massima assorbimento di nutrienti.

La definizione di coltivazione idroponica è quindi incentrata sull'idea di creare un ambiente controllato in cui le piante possono crescere e prosperare senza dipendere dal terreno naturale, consentendo ai coltivatori di raggiungere rendimenti più elevati e una maggiore efficienza nella produzione di colture. Questo approccio è particolarmente vantaggioso in contesti in cui le risorse naturali, come il suolo e l'acqua, sono limitate o non disponibili, permettendo ai coltivatori di coltivare piante in luoghi inospitali come aree urbane o desertiche.

La coltivazione idroponica offre inoltre un potenziale significativo per l'agricoltura sostenibile, riducendo l'uso di acqua e fertilizzanti e minimizzando l'impatto ambientale delle pratiche agricole convenzionali. Inoltre, questo metodo consente una maggiore flessibilità nella progettazione dello spazio di coltivazione, consentendo ai coltivatori di adattare il loro giardino alle esigenze specifiche delle loro piante e delle loro condizioni ambientali.

In sintesi, la coltivazione idroponica rappresenta una svolta significativa nel modo in cui le piante vengono coltivate e alimenta un futuro più sostenibile e produttivo per l'agricoltura.

2. Principio di capillarità

Il principio di capillarità è un concetto essenziale da comprendere per chiunque voglia intraprendere la coltivazione idroponica in modo efficace. Questo principio si basa sulla capacità dei liquidi di muoversi attraverso piccoli spazi, come ad esempio all'interno dei substrati utilizzati nei sistemi idroponici. Quando le radici delle piante sono immerse in una soluzione nutrienti o in un substrato come la perlite o la lana di roccia, l'acqua e i nutrienti si muovono attraverso la struttura porosa di questi materiali grazie all'azione capillare.

Per comprendere meglio il principio di capillarità, possiamo immaginare una spugna immersa in acqua: l'acqua tende ad essere assorbita dalla spugna e a salire lungo i suoi pori più piccoli fino a raggiungere la superficie superiore. Lo stesso principio si applica nei sistemi idroponici, dove l'acqua e i nutrienti presenti nella soluzione nutrienti vengono assorbiti dal substrato e trasportati verso le radici delle piante attraverso l'azione capillare.

Questo processo è fondamentale per garantire che le radici delle piante abbiano accesso continuo ai nutrienti di cui hanno bisogno per crescere e prosperare. Inoltre, il principio di capillarità consente una distribuzione uniforme dei nutrienti nel substrato, garantendo che tutte le radici abbiano accesso equo ai nutrienti essenziali.

Un esempio pratico di come il principio di capillarità può essere sfruttato nella coltivazione idroponica è attraverso l'utilizzo di materiali porosi come la fibra di cocco o la vermiculite nei sistemi di coltivazione. Questi materiali sono in grado di assorbire e trattenere l'acqua e i nutrienti, consentendo alle radici delle piante di attingere alle risorse necessarie per la crescita attraverso l'azione capillare.

In sintesi, il principio di capillarità è un elemento chiave nella coltivazione idroponica che permette il trasporto efficace dei nutrienti alle piante e contribuisce al successo e alla produttività dei sistemi di coltivazione idroponica.

3. Controllo dei parametri ambientali

Il controllo dei parametri ambientali è un aspetto fondamentale della coltivazione idroponica, poiché influisce direttamente sulle condizioni di crescita e sul benessere delle piante. Questi parametri includono la temperatura, l'umidità, la luce e la ventilazione, tutti i quali devono essere attentamente monitorati e regolati per creare un ambiente ottimale per la crescita delle piante.

La temperatura è uno dei parametri più critici da controllare in un sistema idroponico. Le piante hanno un'ampia gamma di temperature in cui possono crescere, ma è importante mantenere una temperatura costante e moderata per evitare lo stress termico. La temperatura ottimale per la crescita delle piante varia a seconda della specie e del stadio di crescita, ma generalmente si aggira intorno ai 20-25°C durante il giorno e ai 15-20°C durante la notte.

L'umidità è un altro parametro chiave da tenere sotto controllo. Un'umidità troppo alta può favorire lo sviluppo di malattie fungine e batteriche, mentre un'umidità troppo bassa può causare stress idrico alle piante. La gamma ottimale di umidità varia a seconda delle esigenze specifiche delle piante, ma in generale si consiglia di mantenere un'umidità relativa tra il 50% e il 70%.

La luce è un altro fattore determinante per la crescita delle piante. Le piante hanno bisogno di una quantità adeguata di luce per la fotosintesi e la crescita, e la quantità e la qualità della luce possono influenzare direttamente la produzione di biomassa e il rendimento delle colture. È importante fornire alle piante una quantità di luce sufficiente e di qualità adeguata utilizzando lampade artificiali o sfruttando la luce solare naturale.

La ventilazione è essenziale per garantire una circolazione d'aria adeguata all'interno del sistema di coltivazione idroponica. Una buona ventilazione aiuta a prevenire la formazione di condensa e muffe e a mantenere livelli di CO_2 adeguati per la fotosintesi. È importante assicurarsi che l'aria all'interno del sistema di coltivazione sia ben ventilata e che ci sia un flusso d'aria costante per garantire il benessere delle piante.

In sintesi, il controllo dei parametri ambientali è cruciale per il successo della coltivazione idroponica, poiché influisce direttamente sulle condizioni di crescita e sul rendimento delle piante. Monitorare e regolare attentamente la temperatura, l'umidità, la luce e la ventilazione è fondamentale per garantire un ambiente ottimale per la crescita e il benessere delle piante.

4. Scelta del sistema idroponico

La scelta del sistema idroponico è una decisione cruciale per qualsiasi coltivatore, poiché determinerà l'efficacia e il successo del loro giardino idroponico. Esistono diversi tipi di sistemi idroponici, ognuno dei quali ha i suoi vantaggi e svantaggi, e la scelta del sistema più adatto dipenderà dalle esigenze specifiche delle piante in crescita, dalle risorse disponibili e dalle preferenze personali del coltivatore.

Uno dei sistemi idroponici più semplici e popolari è il **sistema a goccia**, che coinvolge l'uso di un serbatoio di nutrienti collegato a tubi flessibili o a un sistema di gocciolamento che distribuisce la soluzione nutritiva direttamente alle radici delle piante. Questo sistema è facile da installare e gestire ed è adatto a una vasta gamma di piante, rendendolo ideale per i principianti o per coloro che cercano un approccio semplice alla coltivazione idroponica.

Un altro sistema idroponico comune è il **sistema a flusso e riflusso**, che coinvolge l'uso di una vasca di coltivazione riempita con un substrato inerte come la perlite o la lana di roccia. La soluzione nutritiva viene periodicamente pompata nella vasca, sommergendo le radici delle piante, e poi drenata via, consentendo alle radici di respirare aria. Questo sistema offre un maggiore controllo sulla distribuzione dei nutrienti e dell'acqua e è particolarmente adatto per piante che preferiscono periodi di bagnato e asciutto.

Un'altra opzione è il **sistema a film nutritivo**, che coinvolge l'uso di un sottile strato di soluzione nutritiva che scorre costantemente sopra le radici delle piante. Questo sistema è particolarmente adatto per piante a radice poco profonda come l'insalata e le erbe aromatiche e offre un'eccellente aereazione delle radici e una distribuzione uniforme dei nutrienti.

Altri sistemi idroponici includono il **sistema aeroponico**, che coinvolge la nebulizzazione delle radici delle piante con una soluzione nutritiva, e il sistema NFT (nutrient film technique), che coinvolge il flusso costante di una sottile pellicola di soluzione nutritiva sopra le radici delle piante.

In conclusione, la scelta del sistema idroponico giusto dipenderà dalle esigenze specifiche delle piante, dalle risorse disponibili e dalle preferenze del coltivatore. Con una vasta gamma di opzioni disponibili, è importante valutare attentamente le caratteristiche di ciascun sistema prima di prendere una decisione, per garantire il successo e la produttività del giardino idroponico.

5. Ruolo della soluzione nutritiva

Il ruolo della soluzione nutritiva nella coltivazione idroponica è di fondamentale importanza, poiché fornisce alle piante tutti i nutrienti essenziali necessari per una crescita sana e vigorosa. La soluzione nutritiva è composta da una combinazione di macro e micronutrienti che le piante assorbono attraverso le loro radici per sostenere le varie funzioni metaboliche e la crescita.

Tra i nutrienti più importanti contenuti nella soluzione nutritiva troviamo l'azoto (N), il fosforo (P) e il potassio (K), noti come macroelementi, che sono fondamentali per la formazione di proteine, lo sviluppo delle radici e la produzione di energia attraverso il processo di fotosintesi. Questi nutrienti sono presenti in proporzioni specifiche nella soluzione nutritiva per garantire una crescita equilibrata delle piante.

Oltre ai macroelementi, la soluzione nutritiva contiene anche micronutrienti come il ferro (Fe), il manganese (Mn), il rame (Cu), lo zinco (Zn) e il boro (B), che sono necessari in quantità molto piccole ma cruciali per una varietà di processi metabolici nelle piante. Ad esempio, il ferro è essenziale per la formazione della clorofilla e la fotosintesi, mentre il manganese è coinvolto nella respirazione delle piante e nella sintesi di proteine.

La soluzione nutritiva può essere preparata utilizzando una varietà di fertilizzanti commerciali progettati specificamente per la coltivazione idroponica. Questi fertilizzanti sono disponibili in diverse formulazioni che possono essere personalizzate in base alle esigenze specifiche delle piante in crescita e alla fase del ciclo di vita in cui si trovano. È importante seguire attentamente le istruzioni di dosaggio e preparare la soluzione nutritiva correttamente per evitare squilibri nutrienti che potrebbero danneggiare le piante.

Un esempio pratico dell'importanza della soluzione nutritiva è il metodo di fertirrigazione, che coinvolge l'applicazione della soluzione nutritiva direttamente alle radici delle piante attraverso un sistema di irrigazione. Questo metodo consente alle piante di assorbire i nutrienti in modo efficiente e immediato, garantendo una crescita ottimale e una maggiore produttività.

In conclusione, la soluzione nutritiva svolge un ruolo cruciale nella coltivazione idroponica, fornendo alle piante tutti i nutrienti essenziali necessari per una crescita sana e vigorosa. Con la giusta formulazione e il corretto dosaggio, la soluzione nutritiva può garantire il successo e la produttività del giardino idroponico.

IV. Sistemi idroponici: panoramica e tipologie

1. Panoramica dei sistemi idroponici

Il quarto capitolo offre una panoramica dettagliata sui diversi sistemi idroponici disponibili, fornendo al lettore una comprensione completa delle varie opzioni a disposizione per coltivare piante in modo idroponico. I sistemi idroponici, innovativi e versatili, rappresentano un'alternativa efficace alla coltivazione tradizionale nel suolo, offrendo numerosi vantaggi in termini di efficienza, produttività e sostenibilità.

Tra i sistemi idroponici più diffusi e ampiamente utilizzati vi è il **sistema a goccia**, caratterizzato da un'infrastruttura semplice ma altamente efficiente. In questo sistema, una soluzione nutritiva viene somministrata direttamente alle radici delle piante attraverso un sistema di tubi e gocciolatori, garantendo un apporto costante di nutrienti e acqua senza sprechi. Il sistema a goccia è particolarmente adatto per coltivazioni su larga scala, consentendo un controllo preciso e una distribuzione uniforme dei nutrienti alle piante.

Un'altra opzione popolare è il **sistema a flusso e riflusso**, che coinvolge l'uso di una vasca di coltivazione riempita con un substrato inerte come la perlite o la lana di roccia. In questo sistema, la soluzione nutritiva viene periodicamente pompata nella vasca, sommergendo le radici delle piante, e poi drenata via, consentendo alle radici di respirare aria. Questo metodo offre un maggiore controllo sulla distribuzione dei nutrienti e dell'acqua, ed è particolarmente adatto per piante che preferiscono periodi di bagnato e asciutto.

Oltre a questi, ci sono sistemi idroponici come il **sistema a film nutritivo (NFT)**, il sistema aeroponico e molti altri, ognuno dei quali offre vantaggi unici e può essere adattato alle esigenze specifiche delle piante in crescita. La scelta del sistema idroponico dipenderà da una serie di fattori, tra cui il tipo di piante coltivate, lo spazio disponibile, il budget e le preferenze personali del coltivatore.

In definitiva, questo capitolo offre un'ampia panoramica dei sistemi idroponici, consentendo ai lettori di acquisire una conoscenza approfondita delle varie opzioni disponibili e di prendere decisioni informate per avviare o migliorare la propria coltivazione idroponica.

2. Sistemi idroponici a goccia

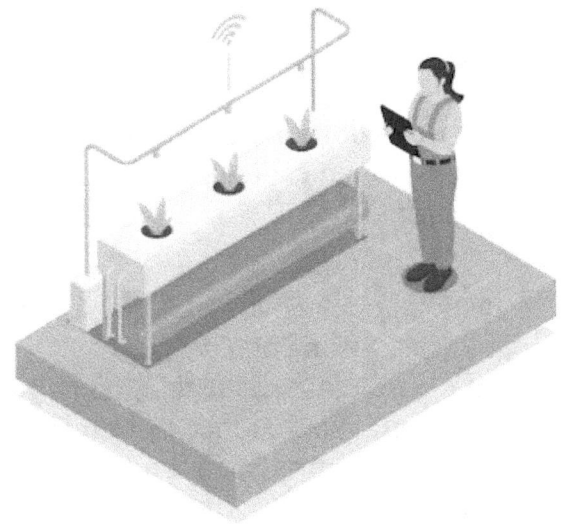

Sistema idroponico a goccia - Images by macrovector on Freepik

I sistemi idroponici a goccia rappresentano una delle opzioni più diffuse e apprezzate tra i coltivatori idroponici, grazie alla loro semplicità ed efficienza. Questo sistema si basa su un meccanismo di erogazione della soluzione nutritiva alle radici delle piante attraverso piccoli gocciolatori o tubi flessibili. L'essenza di questo metodo risiede nella precisione con cui la soluzione nutritiva viene somministrata direttamente alle radici, garantendo un assorbimento efficiente dei nutrienti e un ottimo equilibrio idrico.

Uno dei vantaggi principali dei sistemi a goccia è la loro versatilità, poiché possono essere utilizzati sia in ambienti indoor che outdoor e adattati a una vasta gamma di coltivazioni, dalle piante da frutto alle verdure a foglia verde. Inoltre, questi sistemi consentono un controllo preciso sulla quantità e sulla frequenza di irrigazione, riducendo al minimo gli sprechi di acqua e nutrienti e garantendo un ambiente ottimale per la crescita delle piante.

Un esempio pratico di sistema idroponico a goccia è il sistema a goccia fai-da-te, che può essere facilmente costruito utilizzando materiali di facile reperibilità come tubi flessibili, serbatoi di nutrienti e gocciolatori. Questo rende i sistemi a goccia accessibili anche ai coltivatori principianti o a coloro che dispongono di un budget limitato.

Tuttavia, è importante tenere presente che i sistemi a goccia richiedono un'adeguata manutenzione e monitoraggio per garantire il corretto funzionamento e prevenire problemi come l'otturazione dei gocciolatori o la formazione di accumuli di sali nella soluzione nutritiva. Un controllo regolare del pH e dell'EC (conduttività elettrica) della soluzione nutritiva è fondamentale per garantire una corretta nutrizione delle piante e prevenire eventuali squilibri nutrienti.

In conclusione, i sistemi idroponici a goccia offrono un'efficace soluzione per coltivare piante in modo idroponico, offrendo vantaggi come la precisione nell'irrigazione, la versatilità e la possibilità di realizzarli in modo economico e fai-da-te. Con la giusta cura e manutenzione, questi sistemi possono garantire risultati eccellenti e un'ottima produzione di colture.

3. Sistemi idroponici a flusso e riflusso

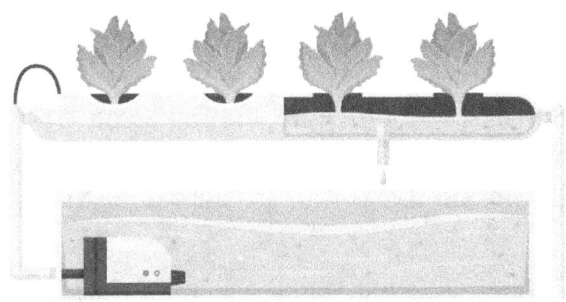

Sistema idroponico a flusso e riflusso - Images by macrovector on Freepik

I sistemi idroponici a flusso e riflusso sono un'altra opzione popolare e efficace per i coltivatori idroponici, offrendo un metodo versatile e altamente controllabile per la fornitura di acqua e nutrienti alle piante. Questo sistema si basa sull'uso di una vasca di coltivazione riempita con un substrato inerte come la perlite o la lana di roccia, all'interno della quale le piante vengono coltivate. La soluzione nutritiva viene poi periodicamente pompata nella vasca, sommergendo le radici delle piante, e poi drenata via, consentendo alle radici di respirare aria.

Una delle principali caratteristiche dei sistemi a flusso e riflusso è la loro capacità di fornire un controllo preciso sulla distribuzione di acqua e nutrienti alle radici delle piante. Questo permette ai coltivatori di regolare la frequenza e la durata dell'irrigazione in base alle esigenze specifiche delle piante e alle condizioni ambientali, garantendo un'ottima nutrizione e un adeguato apporto idrico.

Un vantaggio significativo di questi sistemi è la loro adattabilità a una vasta gamma di coltivazioni, dalle piante da frutto alle verdure a foglia verde, e la possibilità di essere utilizzati sia in sistemi indoor che outdoor. Inoltre, i sistemi a flusso e riflusso possono essere facilmente automatizzati utilizzando timer e pompe per semplificare il processo di irrigazione e ridurre al minimo il lavoro manuale richiesto.

Tuttavia, è importante tenere presente che i sistemi a flusso e riflusso richiedono una manutenzione regolare per garantire il corretto funzionamento e prevenire problemi come l'otturazione dei tubi e la contaminazione della soluzione nutritiva. È consigliabile controllare periodicamente il pH e la conducibilità elettrica (EC) della soluzione nutritiva e sostituire regolarmente il substrato per garantire un ambiente di coltivazione ottimale per le piante.

In conclusione, i sistemi idroponici a flusso e riflusso offrono un'efficace soluzione per coltivare piante in modo idroponico, offrendo vantaggi come il controllo preciso dell'irrigazione, la versatilità e la possibilità di automatizzare il processo di coltivazione. Con la giusta cura e manutenzione, questi sistemi possono garantire risultati eccellenti e una produzione di colture abbondante e di alta qualità.

4. Sistemi idroponici NFT

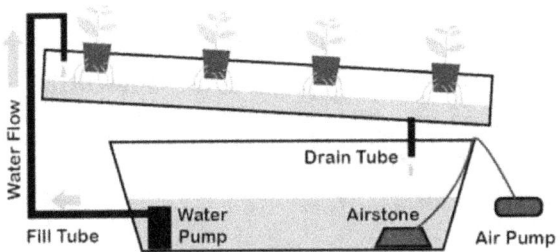

Sistema idroponico NFT

I sistemi idroponici NFT (Nutrient Film Technique) rappresentano una metodologia avanzata e altamente efficiente per la coltivazione idroponica delle piante, caratterizzata dalla somministrazione continua e sottile di una soluzione nutritiva direttamente alle radici delle piante attraverso un sottile film di soluzione nutritiva che scorre lungo un canale inclinato. Questo metodo offre numerosi vantaggi, tra cui un utilizzo più efficiente dell'acqua e dei nutrienti, una crescita rapida e vigorosa delle piante e un minimo impatto ambientale.

Uno dei principali vantaggi dei sistemi NFT è il controllo preciso sulla distribuzione dei nutrienti alle radici delle piante, garantendo un apporto costante e uniforme senza l'accumulo di acqua intorno alle radici che potrebbe causare soffocamento o marciume. Questo permette alle piante di assorbire i nutrienti in modo ottimale e di massimizzare la loro crescita e resa.

Un esempio pratico di sistema idroponico NFT è un impianto a canale, in cui le piante vengono coltivate in canali orizzontali o inclinati, attraverso i quali scorre la soluzione nutritiva. Questi canali possono essere realizzati in vari materiali, tra cui PVC, polipropilene o metallo, e possono essere configurati in modo flessibile per adattarsi alle esigenze specifiche di coltivazione.

Tuttavia, i sistemi NFT richiedono una supervisione attenta e una manutenzione regolare per garantire il corretto funzionamento e prevenire problemi come l'otturazione dei canali o la contaminazione della soluzione nutritiva. È importante monitorare regolarmente il pH e la conducibilità elettrica (EC) della soluzione nutritiva e sostituire periodicamente il substrato per mantenere un ambiente di coltivazione ottimale.

In conclusione, i sistemi idroponici NFT offrono un'efficace soluzione per coltivare piante in modo idroponico, offrendo vantaggi come il controllo preciso dei nutrienti, l'efficienza nell'uso dell'acqua e dei nutrienti e la possibilità di massimizzare la produzione di colture. Con la giusta cura e manutenzione, questi sistemi possono garantire risultati eccezionali e una produzione sostenibile nel lungo periodo.

5. Sistemi idroponici aeroponici

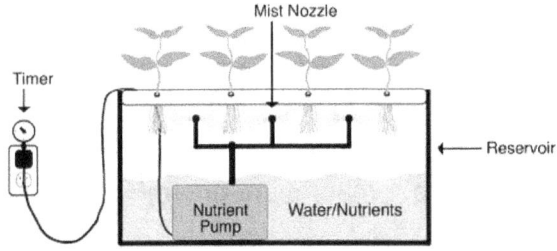

Sistema idroponico aeroponico

I sistemi idroponici aeroponici rappresentano una delle metodologie più avanzate e innovative per la coltivazione delle piante senza l'uso di substrato. Questo metodo si basa sull'erogazione di una nebbia finemente vaporizzata di soluzione nutritiva direttamente sulle radici delle piante, consentendo un'assorbimento efficiente dei nutrienti e una crescita vigorosa delle piante.

Uno dei principali vantaggi dei sistemi aeroponici è la capacità di fornire un'ottima ossigenazione alle radici delle piante, poiché la nebbia nutritiva circonda completamente le radici senza soffocarle. Questo favorisce una crescita radicale sana e robusta, che a sua volta si traduce in una crescita vegetativa e una produzione di frutti più abbondante e di qualità superiore.

Un esempio pratico di sistema aeroponico è un sistema ad alta pressione, in cui la soluzione nutritiva viene vaporizzata utilizzando un sistema di pompe ad alta pressione e nebulizzatori, creando una nebbia fine che avvolge completamente le radici delle piante. Questo metodo consente un assorbimento ottimale dei nutrienti e una distribuzione uniforme degli stessi alle radici, garantendo una crescita sana e rigogliosa delle piante.

Tuttavia, i sistemi aeroponici richiedono una manutenzione attenta e una supervisione costante per garantire il corretto funzionamento e prevenire problemi come l'otturazione dei nebulizzatori o la contaminazione della soluzione nutritiva. È importante monitorare regolarmente il pH e la conducibilità elettrica (EC) della soluzione nutritiva e sostituire periodicamente i nebulizzatori per mantenere un ambiente di coltivazione ottimale.

In conclusione, i sistemi idroponici aeroponici offrono un'efficace soluzione per coltivare piante in modo idroponico, offrendo vantaggi come una crescita radicale sana, un assorbimento ottimale dei nutrienti e una produzione di colture di alta qualità. Con la giusta cura e manutenzione, questi sistemi possono garantire risultati eccezionali e una produzione sostenibile nel lungo periodo.

V. Scelta del sistema idroponico più adatto alle tue esigenze

1. Valutazione delle esigenze di coltivazione

La valutazione delle esigenze di coltivazione rappresenta il fondamento imprescindibile per un'implementazione di successo di qualsiasi sistema idroponico. Prima di procedere con la scelta del sistema più adatto, è essenziale comprendere appieno le specifiche esigenze delle piante da coltivare e dell'ambiente circostante.

Innanzitutto, è cruciale considerare il tipo di piante che si desidera coltivare. Le diverse varietà vegetali hanno requisiti specifici in termini di luce, temperatura, umidità e nutrizione. Ad esempio, le piante a foglia verde come la lattuga possono richiedere condizioni di crescita diverse rispetto alle piante da frutto come i pomodori o i peperoni. Pertanto, è importante identificare le esigenze specifiche di ciascuna coltura per poter selezionare il sistema idroponico più adatto.

In secondo luogo, bisogna considerare lo spazio disponibile per la coltivazione. Se si dispone di uno spazio limitato, potrebbe essere necessario optare per sistemi idroponici verticali o compatti che sfruttino al meglio l'area disponibile. Al contrario, se si ha a disposizione un'area più ampia, si potrebbe valutare l'opportunità di utilizzare sistemi idroponici più estesi o addirittura combinare più sistemi per massimizzare la produzione.

La valutazione delle esigenze di coltivazione deve anche tenere conto del budget disponibile. Alcuni sistemi idroponici possono richiedere un investimento iniziale più elevato rispetto ad altri, sia in termini di attrezzature che di costi operativi. È importante considerare i costi di acquisto e di gestione nel lungo termine per garantire che il sistema scelto sia sostenibile dal punto di vista economico.

Infine, è essenziale valutare il proprio livello di esperienza e competenza nella coltivazione idroponica. I principianti potrebbero preferire sistemi più semplici da gestire e meno suscettibili agli errori, mentre i coltivatori più esperti potrebbero essere disposti a sperimentare con sistemi più complessi o innovativi.

In conclusione, la valutazione accurata delle esigenze di coltivazione è il primo passo fondamentale per una coltivazione idroponica di successo. Considerando attentamente i requisiti delle piante, lo spazio disponibile, il budget e il proprio livello di esperienza, è possibile selezionare il sistema idroponico più adatto alle proprie esigenze e ottenere risultati ottimali.

2. Analisi dei vantaggi e delle limitazioni dei diversi sistemi

L'analisi dei vantaggi e delle limitazioni dei diversi sistemi idroponici è un passaggio cruciale nel processo decisionale per individuare il sistema più adatto alle proprie esigenze di coltivazione. Ogni sistema presenta vantaggi e svantaggi unici che è importante valutare attentamente prima di prendere una decisione.

Uno dei principali vantaggi dei sistemi idroponici è la capacità di ottenere rese più elevate rispetto alla coltivazione tradizionale su suolo. Questo è dovuto al fatto che in un ambiente idroponico le piante hanno accesso costante ai nutrienti essenziali, all'acqua e all'ossigeno, il che favorisce una crescita più rapida e vigorosa. Inoltre, la coltivazione idroponica consente un controllo preciso su fattori come la temperatura, l'umidità e la concentrazione dei nutrienti, ottimizzando così le condizioni di crescita e massimizzando la produzione.

Tuttavia, i sistemi idroponici possono presentare anche alcune limitazioni da tenere in considerazione. Ad esempio, alcuni sistemi possono richiedere un investimento iniziale significativo per l'acquisto di attrezzature specializzate come pompe, sistemi di illuminazione e serre. Inoltre, la gestione dei sistemi idroponici può richiedere una curva di apprendimento iniziale e una manutenzione regolare per garantire un funzionamento ottimale.

Alcuni sistemi idroponici possono essere più suscettibili a problemi come l'otturazione dei tubi, la contaminazione della soluzione nutritiva o lo sviluppo di malattie delle piante se non gestiti correttamente. È importante comprendere appieno le potenziali sfide associate a ciascun sistema e adottare misure preventive per affrontarle efficacemente.

Un altro aspetto importante da considerare è la flessibilità e la scalabilità dei diversi sistemi idroponici. Alcuni sistemi possono essere più adatti a coltivazioni di piccola scala o indoor, mentre altri possono essere più adatti per progetti commerciali su larga scala. È importante valutare attentamente le proprie esigenze di coltivazione e scegliere un sistema che si adatti meglio al proprio contesto e obiettivi.

In conclusione, l'analisi approfondita dei vantaggi e delle limitazioni dei diversi sistemi idroponici è essenziale per prendere una decisione informata sulla scelta del sistema più adatto alle proprie esigenze. Considerando attentamente i pro e i contro di ciascun sistema, è possibile massimizzare le probabilità di successo e ottenere risultati soddisfacenti nella coltivazione idroponica.

3. Consigli sulla scelta del sistema più adatto

I consigli sulla scelta del sistema idroponico più adatto rappresentano una fase cruciale nel processo decisionale per chiunque voglia avventurarsi nella coltivazione idroponica. Per garantire il successo del proprio progetto, è fondamentale considerare una serie di fattori chiave e adottare una strategia ponderata e informativa.

In primo luogo, è consigliabile valutare attentamente le proprie esigenze specifiche di coltivazione. Questo include considerare il tipo di piante che si desidera coltivare, lo spazio disponibile, il budget e il livello di esperienza del coltivatore. Se si intendono coltivare piante a foglia verde come la lattuga o erbe aromatiche, potrebbe essere più indicato optare per sistemi idroponici a goccia o a flusso e riflusso. D'altra parte, se si desidera coltivare piante da frutto come i pomodori o i peperoni, potrebbe essere preferibile scegliere sistemi idroponici NFT o aeroponici.

Un altro consiglio importante è quello di considerare la disponibilità di risorse e la gestione del tempo. Alcuni sistemi idroponici richiedono una manutenzione più intensiva e un monitoraggio regolare, mentre altri possono essere più automatizzati e richiedere meno intervento umano. È importante valutare la propria disponibilità di tempo e risorse e scegliere un sistema che si adatti alle proprie esigenze e abilità.

Inoltre, è consigliabile cercare consigli e suggerimenti da esperti e coltivatori esperti. La comunità degli appassionati di coltivazione idroponica è ricca di conoscenze e esperienze, e può essere una fonte preziosa di informazioni e consigli pratici. Partecipare a forum online, gruppi di discussione o eventi di coltivazione idroponica può aiutare a ottenere consigli personalizzati e a evitare errori comuni.

Infine, è importante ricordare che la scelta del sistema idroponico più adatto è una decisione personale che dipende dalle proprie esigenze, obiettivi e preferenze individuali. Non esiste un sistema "migliore" in assoluto, ma piuttosto un sistema che meglio si adatta alle proprie circostanze e requisiti specifici.

Seguendo questi consigli e facendo una valutazione accurata delle proprie esigenze e risorse, è possibile selezionare il sistema idroponico più adatto e avviare una coltivazione idroponica di successo.

4. Esempi di casi di studio

Nei casi di studio sulla scelta del sistema idroponico più adatto, possiamo trarre ispirazione da esperienze pratiche di coltivatori che hanno affrontato sfide simili e ottenuto risultati positivi. Un esempio interessante è quello di un piccolo coltivatore urbano che ha deciso di coltivare erbe aromatiche e verdure fresche sul balcone del suo appartamento.

Questo coltivatore ha valutato attentamente le proprie esigenze di coltivazione, considerando lo spazio limitato a disposizione e la necessità di una soluzione idroponica compatta e facile da gestire. Dopo aver esaminato diverse opzioni, ha optato per un sistema idroponico a goccia, che si è rivelato ideale per le sue esigenze.

Utilizzando un semplice sistema idroponico a goccia fatto in casa, il coltivatore è stato in grado di coltivare con successo una varietà di erbe aromatiche e verdure sul suo balcone, ottenendo rese abbondanti e di alta qualità. Ha scoperto che il sistema a goccia era facile da montare e richiedeva una manutenzione minima, consentendogli di coltivare in modo efficiente anche con un programma giornaliero impegnativo.

Un altro esempio di caso di studio riguarda un'azienda agricola commerciale che ha deciso di convertire una parte della propria produzione tradizionale su suolo a una coltivazione idroponica. Dopo un'attenta analisi dei costi e dei benefici, l'azienda ha optato per un sistema idroponico NFT per coltivare insalata e verdure a foglia verde.

Utilizzando il sistema idroponico NFT, l'azienda è stata in grado di aumentare significativamente la produttività e la qualità dei propri prodotti, riducendo al contempo il consumo di acqua e fertilizzanti. Il sistema NFT si è dimostrato particolarmente adatto per la coltivazione di piante a foglia verde, consentendo una distribuzione uniforme dei nutrienti e una crescita rapida e sana delle piante.

Entrambi questi casi di studio dimostrano l'importanza di valutare attentamente le proprie esigenze di coltivazione e di scegliere il sistema idroponico più adatto. Sia che si tratti di un coltivatore urbano con spazio limitato o di un'azienda agricola commerciale, la scelta del sistema giusto può fare la differenza tra un successo e un fallimento nella coltivazione idroponica.

5. Considerazioni finali e raccomandazioni

Nelle considerazioni finali e raccomandazioni sulla scelta del sistema idroponico più adatto, è importante riconsiderare tutti gli aspetti chiave affrontati durante il processo decisionale. Mentre la decisione finale potrebbe sembrare intimidatoria, un'approfondita valutazione delle esigenze, dei vantaggi e delle limitazioni dei diversi sistemi può aiutare a orientare in modo più chiaro la scelta.

In primo luogo, è essenziale mantenere una prospettiva a lungo termine. Sebbene possa essere allettante optare per il sistema idroponico più economico o più facile da implementare all'inizio, è importante considerare gli obiettivi a lungo termine e le potenziali esigenze future. Investire in un sistema più avanzato o più flessibile potrebbe pagare dividendi nel tempo, consentendo una maggiore produttività e adattabilità alle variazioni delle condizioni di crescita.

Inoltre, è consigliabile non trascurare l'importanza della formazione e della ricerca continua. Anche se si opta per un sistema idroponico relativamente semplice o tradizionale, acquisire una conoscenza approfondita delle tecniche di coltivazione idroponica e delle migliori pratiche può essere fondamentale per ottenere risultati ottimali. Partecipare a corsi di formazione, leggere libri e articoli, e interagire con altri coltivatori può fornire preziose informazioni e ispirazioni per migliorare costantemente le proprie competenze.

Infine, è importante rimanere flessibili e aperti alla sperimentazione. La coltivazione idroponica è un campo in continua evoluzione, con nuove tecnologie e metodologie che emergono regolarmente. Essere disposti a provare nuovi approcci e adattare le proprie pratiche in base ai risultati e alle circostanze specifiche può essere fondamentale per rimanere competitivi e ottenere successo nel lungo termine.

In definitiva, scegliere il sistema idroponico più adatto richiede una valutazione ponderata e una comprensione approfondita delle proprie esigenze, risorse e obiettivi. Con una pianificazione attenta, una formazione adeguata e una mentalità aperta alla sperimentazione, è possibile avviare una coltivazione idroponica di successo e godere dei numerosi benefici che questa tecnica di coltivazione innovativa può offrire.

VI. Selezione dei substrati e dei supporti di crescita

1. Tipologie di substrati idroponici

Nel vasto mondo della coltivazione idroponica, la selezione del substrato è una decisione critica che influenzerà significativamente il successo della tua coltivazione. Esistono diverse tipologie di substrati idroponici, ognuna con le proprie caratteristiche uniche e vantaggi specifici. Tra le opzioni più comuni troviamo la perlite, la vermiculite, la lana di roccia, la fibra di cocco e i granuli di argilla espansa.

La **perlite** è un substrato leggero e poroso che offre un'eccellente aerazione e drenaggio per le radici delle piante. Grazie alla sua struttura a forma di sfera, la perlite offre anche una buona ritenzione d'acqua, mantenendo un ambiente radicale ottimale per la crescita delle piante.

Perlite - Images by Freepik

La **vermiculite**, al contrario, è un substrato più pesante e trattiene più acqua rispetto alla perlite. Questo lo rende ideale per le piante che richiedono una maggiore umidità del substrato, come ad esempio le piante da fiore.

Vermiculite - Images by Freepik

La **lana di roccia** è un substrato minerale prodotto fuso e filato a filamenti sottili. È ampiamente utilizzata nella coltivazione idroponica grazie alla sua capacità di trattenere l'acqua e l'aria, fornendo alle radici delle piante un ambiente ben aerato.

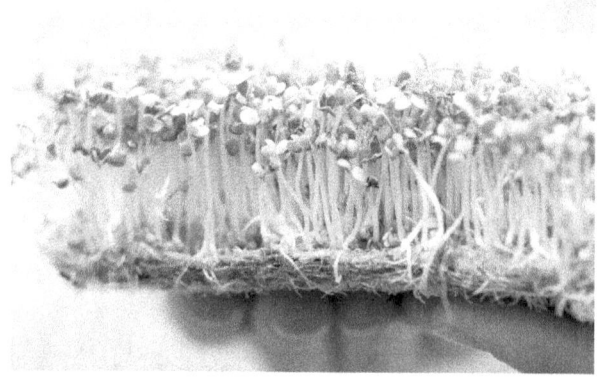

Lana di roccia - Images by devmaryna on Freepik

La **fibra di cocco** è un substrato naturale ottenuto dalla buccia esterna della noce di cocco. È leggero, resistente e ha un'elevata capacità di trattenere l'acqua, rendendolo ideale per una vasta gamma di colture idroponiche.

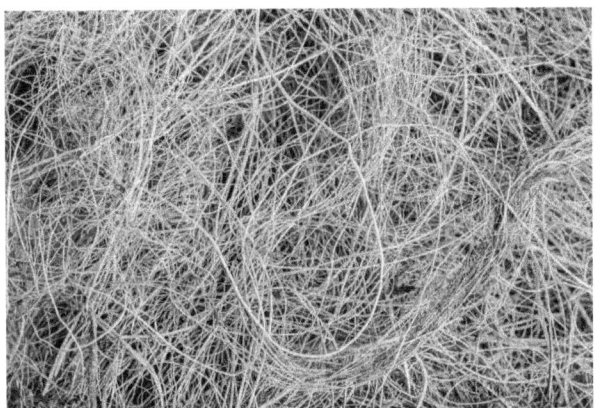

Fibra di cocco - Images by Freepik

Infine, i **granuli di argilla espansa** sono una scelta popolare per i sistemi idroponici a flusso e riflusso e NFT. Questi granuli leggeri offrono una buona aerazione e drenaggio per le radici delle piante, mantenendo al contempo una certa stabilità strutturale nel sistema.

argilla espansa - Images by Freepik

La scelta del substrato dipenderà dalle esigenze specifiche delle tue piante, dalle condizioni ambientali del tuo ambiente di coltivazione e dal tipo di sistema idroponico che hai scelto di utilizzare. Esaminare attentamente le caratteristiche di ciascun substrato ti aiuterà a prendere la decisione migliore per il successo della tua coltivazione idroponica.

2. Considerazioni nella selezione del substrato

Nel processo di selezione del substrato per la tua coltivazione idroponica, è fondamentale considerare una serie di importanti considerazioni che influenzeranno direttamente il successo delle tue piante. Uno degli aspetti più rilevanti da valutare è la capacità di drenaggio del substrato. Un substrato con un'eccellente capacità di drenaggio garantirà che le radici delle piante non rimangano inzuppate d'acqua, riducendo così il rischio di marciume radicale e promuovendo una sana circolazione dell'aria intorno alle radici. D'altra parte, è importante anche considerare la capacità di trattenere l'umidità del substrato. Un substrato che trattiene l'acqua in eccesso potrebbe portare a problemi di sovra-irrigazione e alla formazione di muffe e malattie radicolari. Pertanto, trovare un equilibrio tra drenaggio e ritenzione idrica è essenziale per garantire un ambiente radicale ottimale per le piante.

Oltre alla capacità di drenaggio e ritenzione idrica, è importante valutare anche la struttura del substrato. Un substrato troppo compatto potrebbe impedire lo sviluppo delle radici e limitare la circolazione dell'aria, mentre un substrato troppo leggero potrebbe non fornire sufficiente supporto alle piante. Trovare un substrato con una struttura equilibrata, che sia leggermente compatto ma ancora arieggiato e ben drenato, è cruciale per favorire una sana crescita delle radici e una nutrizione ottimale delle piante.

Un'altra considerazione importante nella selezione del substrato è la sua capacità di mantenere il pH stabile. Il pH del substrato ha un impatto significativo sull'assorbimento dei nutrienti da parte delle piante, e un substrato con un pH instabile potrebbe portare a problemi di nutrizione e al blocco di alcuni elementi nutritivi essenziali. Pertanto, è consigliabile scegliere un substrato che abbia una capacità tamponante del pH e che sia in grado di mantenere il pH nel range ottimale per le piante che si desidera coltivare.

Infine, è importante considerare la disponibilità e il costo del substrato. Alcuni substrati possono essere più costosi o difficili da reperire rispetto ad altri, e potrebbe essere necessario bilanciare il costo con le prestazioni e la disponibilità locale. Considerare anche la sostenibilità ambientale del substrato è importante, con una crescente attenzione verso materiali riciclabili e a basso impatto ambientale.

In conclusione, la selezione del substrato per la coltivazione idroponica è un processo complesso che richiede una valutazione attenta di diversi fattori chiave. Considerare la capacità di drenaggio, la ritenzione idrica, la struttura, la stabilità del pH e la disponibilità del substrato ti aiuterà a scegliere il substrato migliore per le esigenze specifiche delle tue piante e del tuo sistema di coltivazione.

3. Ruolo dei supporti di crescita

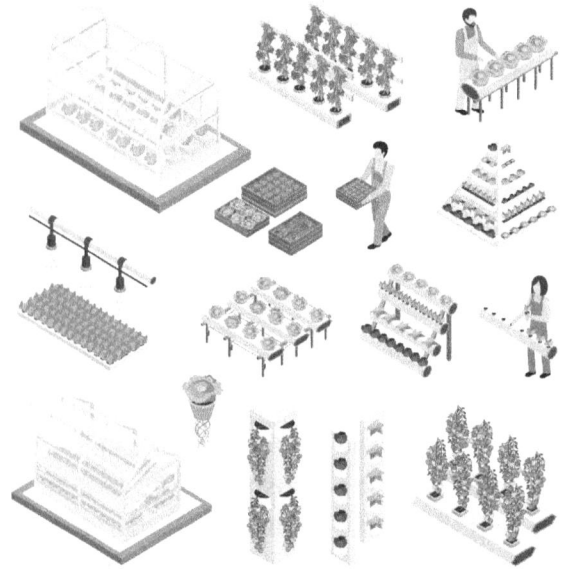

Images by macrovector on Freepik

Nei sistemi idroponici, i supporti di crescita svolgono un ruolo fondamentale nel fornire sostegno alle piante e nel favorire lo sviluppo radicale ottimale. Questi supporti possono essere realizzati con una vasta gamma di materiali, ognuno con le proprie caratteristiche e vantaggi unici. Uno dei materiali più comuni utilizzati per i supporti di crescita è la plastica, che offre leggerezza, resistenza e durata nel tempo. I supporti di crescita in plastica sono ampiamente utilizzati in sistemi idroponici come quelli a goccia o a flusso e riflusso, in cui è necessario sostenere le piante mentre le loro radici sono immerse nella soluzione nutritiva.

Oltre alla plastica, i supporti di crescita possono essere realizzati anche con materiali come il metallo, il legno o la fibra di vetro. Ad esempio, i supporti di crescita in metallo sono spesso utilizzati per la loro resistenza e durata nel tempo, mentre quelli in legno possono essere una scelta estetica per sistemi idroponici in ambienti domestici o di design. La fibra di vetro, d'altra parte, è apprezzata per la sua leggerezza e resistenza alla corrosione, rendendola adatta per sistemi idroponici all'aperto o in ambienti umidi.

Indipendentemente dal materiale utilizzato, i supporti di crescita devono soddisfare alcune caratteristiche fondamentali per garantire il successo della coltivazione idroponica. Innanzitutto, devono essere abbastanza robusti da sostenere il peso delle piante e del sistema radicale senza piegarsi o deformarsi. Inoltre, devono permettere una corretta circolazione dell'aria intorno alle radici delle piante per evitare problemi di soffocamento o marciume radicale. Infine, devono essere facili da pulire e disinfettare per prevenire la proliferazione di malattie o patogeni nel sistema.

La scelta del supporto di crescita dipenderà dalle esigenze specifiche del tuo sistema idroponico e delle piante che desideri coltivare. Esaminare attentamente le caratteristiche di ciascun materiale e valutare le sue prestazioni nel contesto del tuo sistema ti aiuterà a fare la scelta migliore per il successo della tua coltivazione idroponica.

4. Aspetti pratici nella selezione dei supporti di crescita

Nella scelta dei supporti di crescita per il tuo sistema idroponico, è importante considerare una serie di aspetti pratici che influenzeranno direttamente il funzionamento e il successo della tua coltivazione. Uno dei fattori più significativi è la dimensione e la forma dei supporti stessi. È essenziale scegliere supporti che siano adeguati alle dimensioni delle tue piante e che offrano il giusto livello di sostegno. Ad esempio, per piante più grandi e pesanti potrebbe essere necessario utilizzare supporti più robusti e stabili, mentre per piante più piccole e leggere è possibile optare per supporti più leggeri e flessibili.

Un altro aspetto pratico da considerare è la compatibilità dei supporti con il sistema idroponico che hai scelto di utilizzare. Alcuni sistemi, come quelli a goccia o a flusso e riflusso, richiedono supporti che possano adattarsi alle specifiche esigenze di irrigazione e drenaggio del sistema. Al contrario, sistemi come l'idroponica aeroponica possono richiedere supporti che consentano una maggiore esposizione delle radici all'aria e alla nebbia nutritiva. Pertanto, valutare attentamente la compatibilità dei supporti con il tuo sistema idroponico ti aiuterà a garantire un funzionamento ottimale e una crescita sana delle piante.

Un'altra considerazione pratica è la disponibilità e l'accessibilità dei supporti di crescita. È importante scegliere supporti che siano facilmente reperibili sul mercato locale o online e che siano disponibili in quantità sufficienti per le tue esigenze di coltivazione. Inoltre, è consigliabile scegliere supporti che siano economici e convenienti, in modo da ridurre i costi complessivi della tua coltivazione.

Infine, è importante considerare anche la durabilità e la resistenza dei supporti di crescita nel tempo. Optare per materiali di alta qualità e ben costruiti garantirà che i supporti possano resistere alle condizioni ambientali e alle sollecitazioni meccaniche senza deteriorarsi o deformarsi. Inoltre, assicurarsi che i supporti siano facili da pulire e manutenere aiuterà a prolungarne la vita utile e a garantire una crescita continua e prospera delle tue piante nel tempo.

5. Considerazioni finali nella selezione dei substrati e dei supporti di crescita

Nel completare la selezione dei substrati e dei supporti di crescita per il tuo sistema idroponico, è fondamentale riflettere su una serie di considerazioni finali che garantiranno il successo della tua coltivazione. Innanzitutto, è importante valutare attentamente la compatibilità dei substrati e dei supporti con le esigenze specifiche delle piante che intendi coltivare. Diverse specie vegetali possono richiedere substrati con caratteristiche diverse in termini di drenaggio, ritenzione idrica e struttura, quindi assicurati di scegliere substrati e supporti che siano in linea con le necessità delle tue piante.

Un altro punto da considerare è la gestione e la manutenzione dei substrati e dei supporti nel tempo. Optare per materiali che siano facili da pulire, disinfettare e sostituire ti aiuterà a mantenere un ambiente di coltivazione pulito e privo di malattie. Inoltre, assicurati di monitorare regolarmente lo stato dei tuoi substrati e supporti e di apportare eventuali correzioni o aggiustamenti necessari per garantire una crescita sana e vigorosa delle tue piante.

Un'altra considerazione finale riguarda la disponibilità e l'accessibilità dei substrati e dei supporti. Assicurati di scegliere materiali che siano facilmente reperibili sul mercato locale o online e che siano disponibili in quantità sufficienti per le tue esigenze di coltivazione. Inoltre, valuta anche i costi associati ai substrati e ai supporti e cerca di trovare un equilibrio tra la qualità del materiale e il tuo budget disponibile.

Infine, è importante ricordare che la selezione dei substrati e dei supporti di crescita è un processo dinamico e soggetto a modifiche nel tempo. Mantieni un atteggiamento flessibile e sii disposto a sperimentare con diversi materiali e approcci per trovare la combinazione ottimale per le tue esigenze di coltivazione idroponica. Con un'attenta considerazione di questi fattori finali, sarai ben preparato per avviare e gestire con successo il tuo sistema di coltivazione idroponica.

VII. Gestione dell'acqua e dei nutrienti nelle coltivazioni idroponiche

1. Approvvigionamento idrico nei sistemi idroponici

Nel contesto della coltivazione idroponica, l'approvvigionamento idrico rappresenta un aspetto cruciale per il successo della coltivazione delle piante. Nei sistemi idroponici, le piante vengono coltivate senza l'uso del suolo, il che richiede un'attenzione particolare all'acqua e alla sua fornitura. Esistono diverse tecniche per garantire un adeguato apporto idrico alle piante, ognuna con i propri vantaggi e considerazioni pratiche.

Una delle tecniche più comuni è l'irrigazione a goccia, che prevede la distribuzione controllata dell'acqua direttamente alla base delle piante attraverso tubi o condotti. Questo metodo consente un utilizzo efficiente dell'acqua, riducendo lo spreco e garantendo un apporto idrico mirato alle radici delle piante.

Un'altra tecnica popolare è il sistema NFT (Nutrient Film Technique), in cui l'acqua contenente nutrienti essenziali viene fatta scorrere lungo un canale inclinato sottile, formando un sottile film che circonda le radici delle piante. Questo metodo favorisce una distribuzione uniforme dei nutrienti e dell'ossigeno alle radici, promuovendo una crescita sana e vigorosa delle piante.

La coltivazione aeroponica rappresenta un'altra interessante opzione, in cui le radici delle piante vengono sospese nell'aria e periodicamente nebulizzate con una soluzione nutritiva. Questo metodo permette alle radici di ricevere una maggiore quantità di ossigeno, promuovendo una crescita rapida e vigorosa delle piante.

Infine, i sistemi di coltivazione idroponica possono essere integrati con tecniche di riciclo dell'acqua, che permettono di riutilizzare l'acqua non assorbita dalle piante. Questo non solo aiuta a ridurre lo spreco di acqua, ma contribuisce anche a mantenere l'ambiente idroponico in condizioni ottimali per la crescita delle piante.

In definitiva, l'approvvigionamento idrico nei sistemi idroponici richiede una comprensione approfondita delle diverse tecniche disponibili e delle relative considerazioni pratiche. Scegliere il metodo più adatto dipende dalle esigenze specifiche delle piante coltivate e dalle condizioni ambientali in cui vengono coltivate.

2. Fornitura di nutrienti

La fornitura di nutrienti riveste un ruolo fondamentale nella coltivazione idroponica, poiché le piante dipendono esclusivamente dalle soluzioni nutrienti fornite per soddisfare i loro fabbisogni nutrizionali. Nella gestione idroponica, è essenziale fornire alle piante una combinazione bilanciata di macro e microelementi, che sono essenziali per la crescita sana e robusta delle piante.

Le soluzioni nutrienti devono essere preparate con cura, tenendo conto delle esigenze specifiche delle piante coltivate. Queste soluzioni contengono macroelementi, come azoto (N), fosforo (P) e potassio (K), che sono necessari in quantità maggiori e influenzano direttamente la crescita generale e lo sviluppo delle piante. Inoltre, le soluzioni nutrienti devono contenere anche microelementi, come ferro, zinco, manganese e altri, che sono essenziali per la salute delle piante anche se richiesti in quantità minime.

Un aspetto critico nella fornitura di nutrienti è mantenere la concentrazione corretta dei nutrienti nella soluzione nutritiva. Monitorare e regolare l'EC (conduttività elettrica) della soluzione nutritiva è essenziale per garantire che le piante ricevano la giusta quantità di nutrienti senza rischiare la fitotossicità o la carenza nutrizionale. Questo processo richiede un monitoraggio regolare e l'aggiunta di nutrienti supplementari quando necessario per mantenere l'equilibrio ottimale.

Un'altra considerazione importante nella fornitura di nutrienti è la gestione del pH della soluzione nutritiva. Il pH influisce sulla disponibilità e sull'assorbimento dei nutrienti da parte delle piante, quindi è importante mantenere il pH della soluzione nutritiva entro un intervallo ottimale per garantire un'assimilazione efficiente dei nutrienti.

Inoltre, è importante considerare la qualità degli ingredienti utilizzati per preparare le soluzioni nutrienti. Utilizzare fertilizzanti di alta qualità e puri garantisce che le piante ricevano nutrienti di alta qualità senza contaminanti nocivi che potrebbero compromettere la loro crescita e la loro salute.

In conclusione, la fornitura di nutrienti è un aspetto critico nella coltivazione idroponica, e una corretta gestione delle soluzioni nutrienti è essenziale per garantire una crescita sana e vigorosa delle piante. Un'attenzione particolare alla composizione, alla concentrazione e al pH delle soluzioni nutrienti contribuirà al successo complessivo del sistema idroponico.

3. Monitoraggio e controllo dei parametri ambientali

Il monitoraggio e il controllo dei parametri ambientali sono essenziali per garantire il successo di un sistema idroponico. Questi parametri includono temperatura, umidità, livello di CO_2 e ventilazione. Ognuno di questi fattori gioca un ruolo importante nella crescita e nello sviluppo delle piante e deve essere attentamente monitorato e controllato per mantenere un ambiente ottimale per la coltivazione.

La temperatura è uno dei parametri ambientali più critici da monitorare. Le piante idroponiche prosperano meglio in un intervallo di temperatura specifico, che varia a seconda della fase di crescita delle piante e del tipo di coltura. Una temperatura troppo alta o troppo bassa può compromettere il metabolismo delle piante e ridurre la loro crescita e produzione. Pertanto, è importante mantenere una temperatura costante e controllata all'interno dell'ambiente di coltivazione idroponica.

L'umidità dell'aria è un altro parametro chiave da monitorare. Livelli di umidità troppo alti possono favorire lo sviluppo di muffe e malattie fungine, mentre livelli troppo bassi possono causare stress idrico alle piante. Un'umidità relativa ottimale varia a seconda delle esigenze delle piante, ma in generale, è consigliabile mantenere un'umidità relativa compresa tra il 50% e il 70% per la maggior parte delle colture idroponiche.

Il livello di CO2 è cruciale per la fotosintesi delle piante. Un adeguato livello di CO2 nell'aria stimola la crescita e aumenta la produttività delle piante. Tuttavia, in ambienti chiusi come quelli idroponici, il livello di CO2 può diminuire rapidamente a causa dell'assorbimento delle piante durante la fotosintesi. Pertanto, è importante monitorare e, se necessario, integrare il livello di CO2 per garantire che le piante ricevano la quantità ottimale di questo gas vitale.

Infine, la ventilazione dell'ambiente di coltivazione è essenziale per garantire un adeguato scambio di aria e mantenere livelli ottimali di temperatura, umidità e CO2. Una buona ventilazione aiuta anche a prevenire la formazione di muffe e malattie fungine, mantenendo un ambiente sano per le piante.

In conclusione, il monitoraggio e il controllo accurati dei parametri ambientali sono fondamentali per il successo della coltivazione idroponica. Mantenere un ambiente ottimale garantirà una crescita sana e vigorosa delle piante, massimizzando la produzione e la resa.

4. Efficienza nell'uso dell'acqua e dei nutrienti

L'efficienza nell'uso dell'acqua e dei nutrienti è uno degli aspetti più vantaggiosi della coltivazione idroponica. Questo sistema consente di ottimizzare l'uso delle risorse, riducendo al minimo lo spreco di acqua e nutrienti rispetto ai metodi tradizionali di coltivazione. Ci sono diversi fattori che contribuiscono a questa efficienza.

Innanzitutto, nel sistema idroponico, l'acqua viene riciclata continuamente all'interno del sistema anziché essere dispersa nel terreno. Ciò significa che l'acqua viene utilizzata in modo molto più efficiente, poiché non viene dispersa o assorbita dal terreno circostante. Inoltre, il ricircolo dell'acqua consente di ridurre la necessità di irrigazione frequente, poiché il sistema può essere progettato per fornire acqua alle piante solo quando necessario, basandosi su sensori di umidità del substrato o su programmi di irrigazione automatizzati.

Analogamente, anche i nutrienti sono utilizzati in modo più efficiente nella coltivazione idroponica. Le soluzioni nutrienti sono mescolate con precisione e somministrate direttamente alle radici delle piante, garantendo che le piante ricevano esattamente ciò di cui hanno bisogno per crescere in modo sano e vigoroso. Questo elimina il rischio di perdite di nutrienti nel terreno e consente alle piante di assorbire i nutrienti in modo più rapido ed efficiente.

Inoltre, poiché le piante idroponiche crescono in un ambiente controllato e privo di erbacce, non devono competere con altre piante per l'acqua e i nutrienti. Ciò significa che tutte le risorse disponibili possono essere utilizzate esclusivamente dalle piante coltivate, migliorando ulteriormente l'efficienza complessiva del sistema.

Infine, la capacità di monitorare e regolare con precisione l'apporto di acqua e nutrienti consente agli agricoltori idroponici di ottimizzare il rendimento delle loro colture. Utilizzando strumenti come sensori di umidità del terreno, misuratori di pH e di conducibilità elettrolitica (EC), è possibile garantire che le piante ricevano esattamente la giusta quantità di acqua e nutrienti, evitando sia il sovraffollamento che la carenza di nutrienti.

In conclusione, l'efficienza nell'uso dell'acqua e dei nutrienti è uno dei principali vantaggi della coltivazione idroponica, consentendo agli agricoltori di ottenere una produzione elevata con una minore quantità di risorse. Questo non solo porta a una maggiore sostenibilità ambientale, ma offre anche una soluzione efficace per affrontare le sfide legate alla crescente domanda di cibo in un mondo in rapido cambiamento.

5. Sfide e soluzioni

Le coltivazioni idroponiche, nonostante i numerosi vantaggi, non sono esenti da sfide. È importante essere consapevoli di queste sfide e conoscere le soluzioni per affrontarle in modo efficace.

Una delle principali sfide nella gestione dell'acqua e dei nutrienti è rappresentata dalla complessità della tecnica stessa. Poiché la coltivazione idroponica richiede un controllo accurato dei parametri ambientali e delle soluzioni nutrienti, è fondamentale acquisire competenze specifiche e utilizzare strumenti adeguati per monitorare e regolare il sistema in modo appropriato. Tuttavia, con la giusta formazione e con l'uso di tecnologie avanzate, è possibile superare questa sfida e gestire con successo un sistema idroponico.

Un'altra sfida comune è rappresentata dalla contaminazione delle soluzioni nutrienti. Poiché le soluzioni nutrienti sono un ambiente ideale per la crescita batterica e fungina, è importante mantenere rigorosi standard di igiene e pulizia all'interno del sistema idroponico. Utilizzare serbatoi e attrezzature pulite, monitorare regolarmente la qualità dell'acqua e utilizzare disinfezione preventiva possono aiutare a prevenire la contaminazione e mantenere le colture al sicuro da malattie e patogeni.

Inoltre, un'altra sfida può essere rappresentata dalla gestione dei rifiuti e dei residui nel sistema idroponico. Poiché l'acqua e i nutrienti vengono riciclati all'interno del sistema, è importante evitare l'accumulo eccessivo di residui organici o inorganici, che potrebbero compromettere la salute delle piante e la qualità delle colture. Utilizzare filtri e sistemi di purificazione dell'acqua, insieme a una corretta manutenzione e pulizia delle apparecchiature, può aiutare a ridurre al minimo i problemi legati ai residui nel sistema idroponico.

Infine, un'altra sfida importante è rappresentata dalla sostenibilità a lungo termine della coltivazione idroponica. Sebbene questa tecnica possa ridurre significativamente l'uso di acqua e fertilizzanti rispetto ai metodi tradizionali di coltivazione, è importante considerare anche l'impatto ambientale complessivo del sistema idroponico, compresa l'energia necessaria per il funzionamento degli impianti e l'impatto dei materiali utilizzati. Pertanto, è essenziale adottare pratiche sostenibili e cercare costantemente modi per migliorare l'efficienza e ridurre l'impatto ambientale della coltivazione idroponica.

Affrontare queste sfide richiede impegno, risorse e conoscenze specializzate. Tuttavia, con la giusta pianificazione, attenzione ai dettagli e impegno per l'innovazione, è possibile superare queste sfide e ottenere risultati soddisfacenti nella gestione dell'acqua e dei nutrienti nelle coltivazioni idroponiche.

VIII. Regolazione del pH e dell'EC nell'ambiente idroponico

1. Introduzione alla regolazione del pH e dell'EC

Nell'ambito della coltivazione idroponica, la regolazione del pH e dell'EC (Conducibilità Elettrica) riveste un ruolo cruciale per il successo delle colture. Il pH si riferisce alla misurazione dell'acidità o della basicità di una soluzione, mentre l'EC indica la capacità di una soluzione di condurre corrente elettrica, correlata alla concentrazione di nutrienti disciolti. Questi due parametri devono essere attentamente monitorati e regolati per garantire un ambiente ottimale per la crescita delle piante.

Il pH influisce direttamente sull'assorbimento dei nutrienti dalle piante. Un pH sbilanciato può compromettere l'assorbimento di elementi nutritivi essenziali come azoto, fosforo, potassio e micronutrienti, anche se presenti in quantità sufficienti nella soluzione idroponica. Ad esempio, a un pH troppo elevato, alcuni nutrienti come il ferro possono precipitare e diventare inutilizzabili per le piante, mentre a un pH troppo basso possono verificarsi problemi di tossicità per le radici.

L'EC, d'altra parte, fornisce indicazioni sulla concentrazione complessiva di nutrienti presenti nella soluzione. Una corretta regolazione dell'EC è essenziale per fornire alle piante la giusta quantità di nutrienti di cui hanno bisogno per crescere in modo sano e produttivo. Tuttavia, un'EC troppo alta può causare problemi di salinità, mentre un'EC troppo bassa potrebbe indicare una carenza nutritiva.

Nel prossimo capitolo, esploreremo in dettaglio le tecniche e le strategie per regolare con precisione il pH e l'EC nell'ambiente idroponico, fornendo al lettore le conoscenze e le competenze necessarie per gestire con successo questi parametri critici.

2. Importanza della regolazione del pH

La regolazione del pH riveste un'importanza fondamentale nella coltivazione idroponica, poiché influisce direttamente sull'assorbimento dei nutrienti da parte delle piante. Un pH ottimale consente alle radici di assorbire efficacemente tutti i nutrienti essenziali, garantendo una crescita sana e vigorosa.

Quando il pH del substrato o della soluzione nutrienti è fuori dal range ideale, anche se i nutrienti sono presenti in quantità adeguate, le piante potrebbero non essere in grado di assorbirli correttamente. Ad esempio, a pH troppo alto o troppo basso, alcuni nutrienti possono precipitare e diventare inutilizzabili per le piante, rendendo le colture suscettibili a carenze nutrizionali.

Un pH corretto è particolarmente cruciale per garantire la disponibilità di nutrienti chiave come azoto, fosforo, potassio e micronutrienti, i quali sono essenziali per la fotosintesi, la crescita e lo sviluppo delle piante. Inoltre, mantenere il pH stabile nel range ottimale contribuisce a prevenire problemi come il blocco dei nutrienti e le malattie radicolari, che possono compromettere la salute e la resa delle colture.

Nel prossimo capitolo, esamineremo le diverse tecniche e strategie per regolare e mantenere il pH nel range ottimale per la coltivazione idroponica, fornendo al lettore una comprensione approfondita dei metodi pratici per garantire il successo delle proprie colture.

3. Tecniche di regolazione del pH

pH Tester

Nella gestione del pH nei sistemi idroponici, è essenziale comprendere le diverse tecniche disponibili per regolare e mantenere il livello ottimale di pH per le piante. Una delle tecniche più comuni è l'aggiunta di sostanze alcaline o acide per aumentare o diminuire il pH della soluzione nutrienti. Ad esempio, il bicarbonato di potassio può essere utilizzato per aumentare il pH, mentre l'acido fosforico può essere aggiunto per abbassarlo. Questo approccio consente un controllo preciso del pH, consentendo agli agricoltori di adattarsi alle esigenze specifiche delle loro colture.

Un'altra tecnica ampiamente utilizzata è l'uso di sistemi di buffering, che agiscono stabilizzando il pH della soluzione nutrienti. Questi sistemi di buffering sono composti da sostanze chimiche che possono assorbire o rilasciare ioni idrogeno, mantenendo così il pH entro un range ottimale. Comuni sostanze tampone includono il fosfato di potassio e il carbonato di calcio.

Inoltre, alcuni coltivatori utilizzano misuratori di pH e sistemi di dosaggio automatico per monitorare costantemente il pH e regolare automaticamente la quantità di sostanze alcaline o acide aggiunte alla soluzione nutrienti. Questi dispositivi offrono un controllo preciso e continuo del pH, riducendo al minimo il rischio di sbilanciamenti e consentendo un ambiente di crescita ottimale per le piante.

È importante sottolineare che la scelta della tecnica di regolazione del pH dipende da diversi fattori, tra cui il tipo di coltura, il substrato utilizzato e le condizioni ambientali. Pertanto, è consigliabile sperimentare diverse tecniche e monitorare attentamente i risultati per determinare quale sia la più adatta alle esigenze specifiche del proprio sistema di coltivazione.

Nel prossimo capitolo, esploreremo ulteriormente l'importanza della regolazione del pH nell'ambiente idroponico e forniremo linee guida dettagliate su come implementare efficacemente le tecniche di regolazione del pH per massimizzare la resa e la salute delle piante.

4. Importanza della conducibilità elettrica (EC)

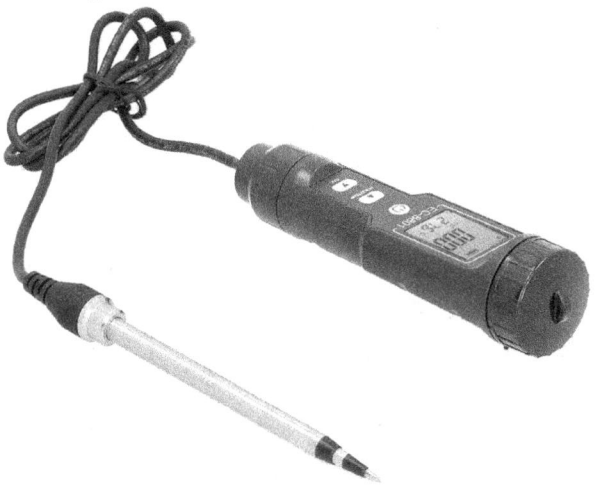

Rilevatore di conducibilità

La conducibilità elettrica (EC) è un parametro fondamentale da monitorare e regolare nei sistemi idroponici, poiché fornisce informazioni cruciali sulla concentrazione complessiva di sali minerali nella soluzione nutrienti. L'EC misura la capacità di una soluzione di condurre l'elettricità, che è influenzata dalla quantità di ioni presenti, come ad esempio ioni di sodio, potassio, calcio e magnesio.

Una corretta gestione dell'EC è essenziale per garantire che le piante ricevano la quantità ottimale di nutrienti di cui necessitano per crescere in modo sano e produttivo. Un livello di EC troppo basso potrebbe indicare una carenza di nutrienti, mentre un livello troppo alto potrebbe provocare uno stress osmotico alle piante.

Per misurare l'EC, vengono utilizzati strumenti chiamati misuratori di conducibilità, che determinano la resistenza elettrica della soluzione nutrienti. Questi dispositivi forniscono letture in millisiemens per centimetro (mS/cm) o in microsiemens per centimetro (µS/cm), che rappresentano la concentrazione di sali nella soluzione.

Una volta misurata, l'EC può essere regolata aggiungendo o diluendo nutrienti nella soluzione nutrienti. Un aumento dell'EC può essere ottenuto aggiungendo fertilizzanti, mentre una diminuzione può essere ottenuta diluendo la soluzione con acqua pulita. È importante mantenere l'EC entro un range ottimale per evitare problemi di sovra o sottoscarico di nutrienti, che potrebbero compromettere la crescita e la salute delle piante.

L'EC è anche un indicatore importante della qualità dell'acqua utilizzata nei sistemi idroponici. Se l'acqua di partenza ha un'EC troppo alta, potrebbe contenere un'elevata concentrazione di sali nocivi che potrebbero danneggiare le radici delle piante. In tal caso, potrebbe essere necessario utilizzare un sistema di filtraggio o di purificazione dell'acqua per ridurre l'EC a livelli accettabili.

In sintesi, la gestione accurata dell'EC è fondamentale per garantire un ambiente di coltivazione ottimale nei sistemi idroponici. Monitorare e regolare attentamente l'EC consentirà agli agricoltori di massimizzare la resa e la qualità delle loro colture, assicurando nel contempo un uso efficiente dei nutrienti e la salute a lungo termine delle piante.

5. Metodi per regolare l'EC

Esistono diversi metodi per regolare l'EC nella coltivazione idroponica, ognuno dei quali offre vantaggi e svantaggi in termini di precisione, praticità ed efficacia. Uno dei metodi più comuni è diluire la soluzione nutrienti con acqua pulita per abbassare l'EC. Questo approccio è relativamente semplice e può essere facilmente implementato, ma richiede una certa pratica per ottenere i livelli desiderati di conducibilità elettrica.

Un'altra tecnica consiste nell'aggiungere fertilizzanti o integratori specifici per aumentare l'EC della soluzione. Questo metodo è più preciso rispetto alla diluizione e consente agli agricoltori di regolare l'EC in modo più mirato. Tuttavia, è importante prestare attenzione alle dosi e seguire attentamente le istruzioni del produttore per evitare sovra o sottodosaggi di nutrienti.

Altri approcci per regolare l'EC includono l'utilizzo di sistemi di recupero e riciclo delle soluzioni nutrienti, che consentono di controllare l'EC riciclando e reintegrando le soluzioni esaurite. Questo metodo è particolarmente utile per ridurre gli sprechi di acqua e nutrienti, ma richiede un'attenta gestione e manutenzione del sistema per evitare accumuli di sali e contaminazioni.

Un altro metodo per regolare l'EC è l'uso di sistemi di filtraggio dell'acqua, che consentono di rimuovere e controllare la concentrazione di sali presenti nell'acqua di alimentazione. Filtri come quelli a osmosi inversa possono ridurre l'EC e migliorare la qualità complessiva dell'acqua utilizzata nei sistemi idroponici.

Infine, alcune tecnologie avanzate utilizzano sensori e controllori automatici per monitorare e regolare continuamente l'EC in tempo reale. Questi sistemi permettono un controllo preciso e automatizzato dell'ambiente di coltivazione, ottimizzando la disponibilità dei nutrienti e garantendo condizioni ottimali per la crescita delle piante.

In conclusione, ci sono molteplici modi per regolare l'EC nei sistemi idroponici, ciascuno con vantaggi e limitazioni specifiche. Scegliere il metodo più adatto dipenderà dalle esigenze specifiche del coltivatore, dalle condizioni ambientali e dalle caratteristiche del sistema idroponico utilizzato.

IX. Illuminazione per la coltivazione idroponica: tipi e requisiti

1. Introduzione all'illuminazione idroponica

Nel vasto mondo della coltivazione idroponica, l'illuminazione svolge un ruolo cruciale nel determinare il successo e la salute delle piante. Questo capitolo si propone di esplorare in profondità l'importanza dell'illuminazione nell'ambiente idroponico, fornendo un'introduzione completa e dettagliata ai diversi aspetti e alle varie considerazioni coinvolte.

L'illuminazione, sia naturale che artificiale, è un fattore determinante per il processo di fotosintesi, il quale a sua volta regola la crescita, lo sviluppo e la resa delle colture. La capacità delle piante di assorbire la luce e convertirla in energia è fondamentale per la sintesi dei nutrienti essenziali e per la produzione di biomassa. Nelle coltivazioni idroponiche, dove le piante crescono in un ambiente controllato e spesso chiuso, è di vitale importanza fornire alle piante la giusta quantità e qualità di luce per massimizzare la loro crescita e rendimento.

Un aspetto cruciale da considerare è la disponibilità e la qualità della luce naturale, che varia in base alla posizione geografica, alla stagione e alle condizioni meteorologiche. Sebbene la luce solare sia una fonte di energia gratuita e ricca di nutrienti per le piante, può essere inconsistente e insufficiente per soddisfare le esigenze delle coltivazioni commerciali su vasta scala o in determinati ambienti.

L'illuminazione artificiale offre un'alternativa affidabile e controllabile alla luce naturale, consentendo agli agricoltori di regolare con precisione la quantità e la qualità della luce fornita alle piante. Con l'avvento delle moderne tecnologie di illuminazione, come le lampade a LED ad alta efficienza energetica, è possibile creare ambienti ottimali per la crescita delle piante, indipendentemente dalle condizioni esterne.

Nel corso di questo capitolo, esploreremo i diversi tipi di illuminazione utilizzati nella coltivazione idroponica, i requisiti specifici delle piante in termini di luce, i metodi per calcolare e regolare la quantità di luce fornita e molto altro ancora. Attraverso esempi pratici, studi di casi e consigli esperti, forniremo al lettore una panoramica completa e approfondita sull'importanza dell'illuminazione nell'ambito della coltivazione idroponica.

2. Luce naturale vs luce artificiale

Nel contesto della coltivazione idroponica, il confronto tra luce naturale e luce artificiale è un tema centrale che richiede un'analisi approfondita per comprendere appieno le implicazioni pratiche e le considerazioni da tenere in considerazione.

La luce naturale, proveniente dal sole, è una fonte di energia essenziale per la vita vegetale. Essa fornisce una vasta gamma di lunghezze d'onda e spettri luminosi che le piante utilizzano per la fotosintesi. Tuttavia, la disponibilità e l'intensità della luce solare possono variare notevolmente a seconda della posizione geografica, dell'orario del giorno e delle condizioni meteorologiche. Questa variabilità può rappresentare una sfida per i coltivatori idroponici che cercano una produzione costante e affidabile.

D'altra parte, l'illuminazione artificiale offre un maggiore controllo e una maggiore prevedibilità rispetto alla luce solare. Le lampade artificiali, come i LED o gli alogeni, possono essere programmate per fornire una quantità specifica di luce e possono essere utilizzate in combinazione con sistemi di regolazione del clima per creare un ambiente ottimale per la crescita delle piante. Questa flessibilità consente ai coltivatori di adattare l'illuminazione alle esigenze specifiche delle loro colture e di mantenere una produzione uniforme e affidabile durante tutto l'anno.

Tuttavia, mentre l'illuminazione artificiale offre numerosi vantaggi in termini di controllo e prevedibilità, può anche comportare costi energetici più elevati e una maggiore complessità nell'installazione e nella gestione dei sistemi di illuminazione. Inoltre, è importante considerare l'impatto ambientale dell'energia consumata dalle lampade artificiali e valutare attentamente se gli eventuali benefici compensano i costi aggiuntivi associati.

In definitiva, la scelta tra luce naturale e luce artificiale dipende dalle esigenze specifiche del coltivatore, dalle condizioni ambientali e dalla disponibilità di risorse. Molti coltivatori idroponici scelgono di integrare entrambe le fonti di illuminazione per massimizzare i benefici di entrambe e garantire una produzione ottimale delle loro colture.

3. Tipi di lampade per la coltivazione idroponica

Illuminazione artificiale

Nella coltivazione idroponica, la scelta del tipo di lampade utilizzate riveste un ruolo cruciale per garantire una crescita ottimale delle piante. Esistono diversi tipi di lampade disponibili sul mercato, ognuno con caratteristiche e vantaggi specifici che li rendono adatti a diverse esigenze di coltivazione.

3.1 Lampade a LED (Light Emitting Diode)

Le lampade a LED sono diventate sempre più popolari tra i coltivatori idroponici grazie alla loro efficienza energetica e alla capacità di produrre un'ampia gamma di lunghezze d'onda, consentendo di personalizzare lo spettro luminoso in base alle esigenze specifiche delle piante. I LED possono essere regolati per emettere una luce adatta alle diverse fasi di crescita delle piante, come la germinazione, la crescita vegetativa e la fioritura.

3.2 Lampade a fluorescenza

Le lampade fluorescenti, come le lampade fluorescenti compatte (CFL) e le tubazioni fluorescenti, sono una scelta popolare per i coltivatori idroponici a causa del loro basso costo e della buona resa luminosa. Tuttavia, le lampade fluorescenti tendono a produrre un'illuminazione meno intensa rispetto alle lampade a LED e possono essere meno efficienti dal punto di vista energetico.

3.3 Lampade ad alogeni e al sodio ad alta pressione (HPS)

Le lampade ad alogeni e al sodio ad alta pressione sono tradizionalmente utilizzate in agricoltura e coltivazioni commerciali per la loro capacità di produrre una luce intensa e calda, particolarmente adatta alla fase di fioritura delle piante. Tuttavia, queste lampade possono generare calore e consumare più energia rispetto alle opzioni più moderne come i LED.

3.4 Lampade a induzione magnetica

Le lampade a induzione magnetica sono una scelta meno comune ma possono offrire una durata più lunga e un consumo energetico inferiore rispetto ad altre lampade. Tuttavia, possono risultare più costose da installare inizialmente.

La scelta del tipo di lampade dipende dalle esigenze specifiche delle piante coltivate, dalla fase di crescita e dai vincoli di budget e di spazio. È importante valutare attentamente le caratteristiche di ciascun tipo di lampada e considerare i requisiti specifici della coltivazione idroponica per ottenere i migliori risultati.

4. Requisiti di illuminazione per le piante

Nel contesto della coltivazione idroponica, comprendere i requisiti di illuminazione delle piante è fondamentale per garantire una crescita sana e vigorosa. Le piante hanno esigenze specifiche in termini di quantità, qualità e durata della luce per svolgere efficacemente i processi fotosintetici e completare il loro ciclo di crescita. Ecco alcuni dei principali requisiti di illuminazione da considerare:

4.1 Intensità luminosa

Le piante necessitano di una quantità sufficiente di luce per la fotosintesi, il processo attraverso il quale convertono la luce solare in energia chimica utilizzabile. L'intensità luminosa si misura in lux o foot-candle e varia a seconda del tipo di pianta e della fase di crescita. Ad esempio, le piante che richiedono molta luce, come i pomodori durante la fioritura, potrebbero necessitare di un'intensità luminosa più elevata rispetto alle piante durante la fase di crescita vegetativa.

4.2 Spettro luminoso

Le piante utilizzano principalmente la luce nelle regioni del blu e del rosso dello spettro luminoso per la fotosintesi. Le lampade a LED consentono di personalizzare lo spettro luminoso in base alle esigenze specifiche delle piante durante le diverse fasi di crescita. Ad esempio, una maggiore quantità di luce blu può favorire la crescita vegetativa, mentre una maggiore quantità di luce rossa può favorire la fioritura.

4.3 Durata della luce

La durata della luce, o fotoperiodo, influisce sulle fasi di crescita delle piante e sul loro sviluppo. Alcune piante necessitano di un periodo di luce di almeno 12-16 ore al giorno durante la fase vegetativa, mentre altre richiedono un fotoperiodo più breve durante la fase di fioritura.

4.4 Uniformità dell'illuminazione

È importante garantire un'illuminazione uniforme su tutta la superficie coltivata per evitare differenze di crescita tra le piante. Utilizzare lampade con un'ampia distribuzione luminosa e posizionarle in modo strategico può contribuire a garantire un'illuminazione uniforme.

4.5 Controllo della temperatura luminosa

Alcune lampade, come le lampade a sodio ad alta pressione, possono generare calore durante il funzionamento, il che può influire sulla temperatura dell'ambiente di coltivazione. È importante monitorare e regolare la temperatura per evitare stress termico alle piante.

Considerare attentamente questi requisiti di illuminazione e adattare il sistema di illuminazione di conseguenza può contribuire a massimizzare la resa e la qualità delle piante coltivate idroponicamente.

5. Calcolo della potenza luminosa e distribuzione della luce

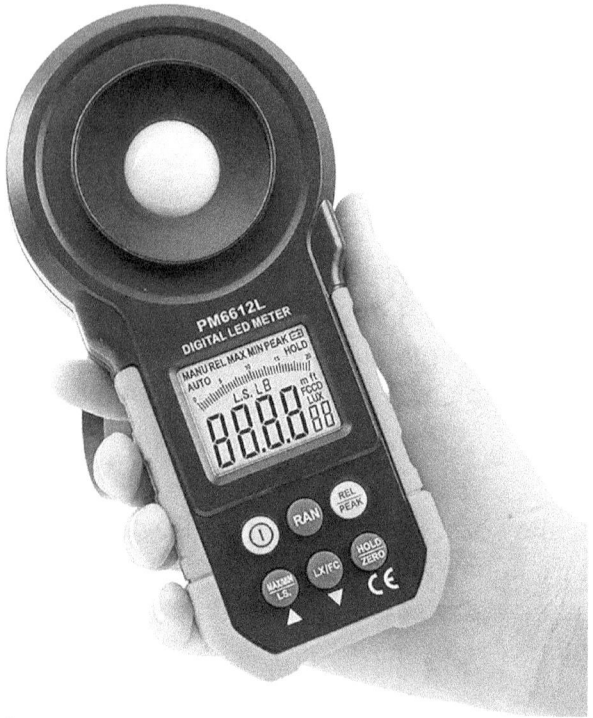

Luxometro

Il calcolo della potenza luminosa e la distribuzione ottimale della luce sono aspetti cruciali nella progettazione di un sistema di illuminazione per la coltivazione idroponica. Ecco alcuni passaggi e considerazioni da tenere presente:

5.1 Determinazione della potenza luminosa necessaria

Per determinare la potenza luminosa necessaria per la tua coltivazione idroponica, è importante considerare diversi fattori, tra cui la dimensione dell'area coltivata, il tipo di piante, le loro esigenze luminose specifiche e la fase di crescita. Puoi utilizzare strumenti come luxometri o fotometri per misurare l'intensità luminosa e ottenere una stima della potenza necessaria.

5.2 Scelta delle lampade

Esistono diverse opzioni di lampade disponibili per la coltivazione idroponica, tra cui lampade a LED, lampade fluorescenti e lampade a vapori di sodio ad alta pressione. Ogni tipo di lampada ha caratteristiche specifiche in termini di spettro luminoso, efficienza energetica e durata. È importante scegliere la lampada più adatta alle esigenze delle tue piante e alla configurazione del sistema.

5.3 Posizionamento delle lampade

Posizionare correttamente le lampade è essenziale per garantire un'illuminazione uniforme su tutta l'area coltivata. Le lampade dovrebbero essere sospese ad un'altezza ottimale sopra le piante in modo da fornire una copertura uniforme e massimizzare l'efficienza luminosa.

5.4 Distribuzione della luce

La distribuzione della luce influisce sulla crescita uniforme delle piante e sulla qualità della resa. È importante evitare zone di ombra e assicurarsi che ogni pianta riceva una quantità adeguata di luce. Utilizzare riflettori o diffusori può contribuire a migliorare la distribuzione della luce e ridurre gli sprechi luminosi.

5.5 Monitoraggio e regolazione

Una volta installato il sistema di illuminazione, è importante monitorare regolarmente l'intensità luminosa e la distribuzione della luce sull'area coltivata. Eventuali discrepanze o problemi nella distribuzione della luce dovrebbero essere corretti tempestivamente per garantire una crescita ottimale delle piante.

Calcolare la potenza luminosa necessaria e progettare una distribuzione efficace della luce può contribuire in modo significativo al successo della tua coltivazione idroponica, garantendo una crescita sana e vigorosa delle piante.

X. Controllo dell'umidità e della temperatura nell'ambiente di coltivazione

1. Importanza del controllo dell'umidità

Il controllo dell'umidità riveste un ruolo fondamentale nella coltivazione idroponica, poiché l'umidità dell'aria ha un impatto significativo sullo sviluppo e sulla salute delle piante. Mantenere un'umidità ottimale nell'ambiente di coltivazione è essenziale per garantire una crescita sana e vigorosa delle piante. Un livello di umidità adeguato favorisce l'assorbimento di acqua e nutrienti attraverso le radici, facilita lo scambio gassoso e contribuisce a ridurre lo stress idrico sulle piante. Tuttavia, un'eccessiva umidità può favorire la formazione di malattie fungine e batteriche, compromettendo la salute delle piante e riducendo la resa del raccolto. Al contrario, un'umidità troppo bassa può causare secchezza e stress idrico alle piante, compromettendo la loro crescita e produzione. Pertanto, il controllo preciso dell'umidità è cruciale per ottimizzare le condizioni di crescita e massimizzare la resa delle coltivazioni idroponiche. Diverse tecniche e strumenti possono essere impiegati per monitorare e regolare l'umidità nell'ambiente di coltivazione, consentendo agli agricoltori idroponici di mantenere un equilibrio ottimale per il benessere delle loro piante.

2. Metodi per misurare l'umidità

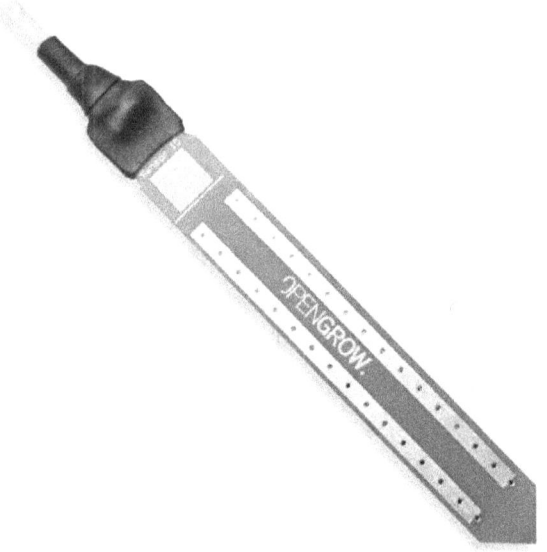

Sensore di umidità

Esistono diversi metodi efficaci per misurare l'umidità nell'ambiente di coltivazione idroponica, ognuno con le proprie caratteristiche e vantaggi. Uno dei metodi più comuni è l'utilizzo di igrometri o sensori di umidità. Questi dispositivi sono progettati per rilevare e registrare il livello di umidità relativa dell'aria circostante. Possono essere dotati di sonde o sensori che vengono inseriti nel substrato o nell'aria per monitorare l'umidità in diverse zone della coltivazione. Gli igrometri forniscono letture rapide e precise dell'umidità, consentendo agli agricoltori di regolare immediatamente le condizioni ambientali se necessario.

Un altro metodo comune è l'utilizzo di psicrometri o igroscopi a capelli. Questi strumenti sfruttano la variazione di lunghezza dei capelli o di altri materiali sensibili all'umidità per determinare l'umidità relativa dell'aria. Funzionano misurando la tensione superficiale dei capelli in risposta all'umidità ambientale e convertendo questa misurazione in letture dell'umidità relativa. Gli igroscopi a capelli sono noti per la loro precisione e affidabilità nel monitorare l'umidità, anche se possono richiedere una calibrazione periodica per mantenere la precisione.

Un altro metodo è l'utilizzo di termoigrometri, che combinano la misurazione dell'umidità con quella della temperatura. Questi strumenti forniscono letture simultanee di umidità relativa e temperatura, consentendo agli agricoltori di valutare facilmente il comfort termico e l'umidità nell'ambiente di coltivazione. Possono essere particolarmente utili per identificare eventuali variazioni stagionali o giornaliere nelle condizioni ambientali e adottare misure correttive di conseguenza.

3. Tecniche per regolare l'umidità

Impianto di ventilazione

Ci sono diverse tecniche efficaci per regolare l'umidità nell'ambiente di coltivazione idroponica, ognuna delle quali può essere adattata alle esigenze specifiche delle piante e alle condizioni ambientali. Una delle tecniche più comuni è l'uso di sistemi di ventilazione e ventilatori per favorire la circolazione dell'aria all'interno dell'area di coltivazione. Questo aiuta a ridurre l'accumulo di umidità e a prevenire la formazione di condensa sulle superfici delle piante e dell'ambiente circostante. Inoltre, una buona ventilazione favorisce lo scambio di aria fresca e umida con aria secca, contribuendo a mantenere l'umidità a livelli ottimali.

Un'altra tecnica è l'utilizzo di sistemi di condizionamento dell'aria, come condizionatori o deumidificatori, per regolare l'umidità relativa dell'ambiente. I deumidificatori rimuovono attivamente l'umidità in eccesso dall'aria, aiutando a mantenere l'umidità a livelli accettabili. Possono essere particolarmente utili in ambienti con elevati tassi di umidità o durante periodi di alta umidità atmosferica. D'altra parte, i condizionatori possono essere utilizzati per raffreddare l'aria e ridurne l'umidità relativa, fornendo un controllo preciso delle condizioni ambientali.

Inoltre, la scelta del substrato e del sistema di drenaggio può influenzare significativamente i livelli di umidità nell'ambiente di coltivazione. I substrati porosi come la perlite o la fibra di cocco possono aiutare a mantenere un equilibrio tra ritenzione dell'acqua e drenaggio, evitando l'accumulo di umidità e prevenendo problemi come il ristagno idrico e la formazione di muffe.

Infine, l'ottimizzazione del sistema di irrigazione è fondamentale per mantenere l'umidità del substrato e dell'aria sotto controllo. Utilizzando sistemi di irrigazione a goccia o a nebulizzazione, è possibile fornire alle piante la quantità precisa di acqua di cui hanno bisogno, evitando il ristagno idrico e riducendo al minimo la perdita di acqua per evaporazione.

4. Ruolo della temperatura nella coltivazione idroponica

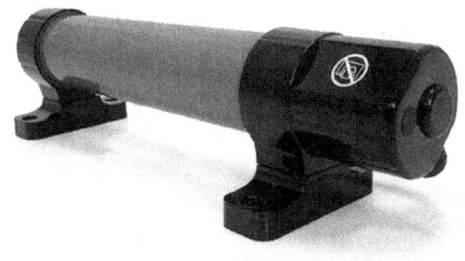

Termoriscaldatore

La temperatura è un fattore cruciale nella coltivazione idroponica in quanto influisce su diversi processi fisiologici delle piante, compresa la germinazione, la crescita, la fotosintesi e la produzione di frutti. Le piante idroponiche tendono a prosperare in una gamma di temperature ottimali, che varia a seconda delle specie coltivate. In generale, le temperature ideali per la maggior parte delle colture idroponiche si aggirano tra i 18°C e i 24°C durante il giorno e tra i 16°C e i 20°C durante la notte.

Temperature superiori o inferiori a questi range possono influenzare negativamente la salute e la produttività delle piante. Temperature troppo elevate possono aumentare il tasso di evaporazione dell'acqua, causare stress termico e compromettere la capacità delle piante di assorbire acqua e nutrienti. Al contrario, temperature troppo basse possono rallentare il metabolismo delle piante, ridurre l'assorbimento dei nutrienti e aumentare il rischio di danni da gelo.

Per mantenere le temperature ottimali nell'ambiente di coltivazione idroponica, è importante adottare diverse strategie di controllo termico. L'uso di sistemi di riscaldamento o raffreddamento, come termoriscaldatori, scambiatori di calore, o sistemi di climatizzazione, può essere essenziale per regolare la temperatura dell'aria circostante. Inoltre, l'isolamento adeguato dell'area di coltivazione e l'installazione di materiali riflettenti possono contribuire a ridurre le variazioni di temperatura e a mantenere un clima stabile.

È anche importante monitorare costantemente la temperatura dell'acqua nei sistemi idroponici, poiché le radici delle piante sono estremamente sensibili alle variazioni di temperatura dell'acqua. Temperature dell'acqua troppo alte possono causare danni alle radici e favorire la crescita di patogeni, mentre temperature troppo basse possono rallentare il metabolismo delle piante e compromettere l'assorbimento dei nutrienti.

Infine, è essenziale considerare l'effetto della temperatura sull'efficienza energetica del sistema di illuminazione. Temperature elevate possono aumentare la produzione di calore dalle lampade, richiedendo un maggiore sforzo per il raffreddamento dell'ambiente di coltivazione. Pertanto, è importante trovare un equilibrio tra la temperatura ideale per le piante e la gestione dell'energia all'interno dell'ambiente di coltivazione.

5. Misurazione e regolazione della temperatura

La misurazione e la regolazione della temperatura nell'ambiente di coltivazione idroponica sono cruciali per garantire condizioni ottimali per la crescita delle piante. Per monitorare la temperatura, è possibile utilizzare termometri digitali o analogici posizionati strategicamente in diversi punti dell'area di coltivazione, compresi l'aria circostante e la soluzione nutritiva.

I termometri digitali offrono spesso una maggiore precisione e facilità di lettura rispetto ai termometri analogici e possono essere integrati con sistemi di controllo automatico per regolare la temperatura in modo più accurato. Inoltre, esistono termometri a infrarossi senza contatto che consentono di misurare la temperatura delle superfici senza dover entrare in contatto diretto con esse, il che può essere particolarmente utile per monitorare la temperatura delle pareti degli ambienti di coltivazione.

Una volta misurata la temperatura, è importante prendere misure per regolarla. Ciò può essere realizzato attraverso una serie di tecniche di controllo termico, come l'uso di sistemi di riscaldamento, raffreddamento o ventilazione. Ad esempio, per ridurre la temperatura in eccesso nell'ambiente di coltivazione, è possibile utilizzare ventilatori per favorire la circolazione dell'aria o sistemi di evaporazione per raffreddare l'aria attraverso l'evaporazione dell'acqua.

Per regolare la temperatura della soluzione nutritiva nei sistemi idroponici, è possibile utilizzare riscaldatori o refrigeratori specifici per mantenere la soluzione alla temperatura ottimale per le piante. L'uso di sistemi automatizzati con sensori di temperatura può semplificare notevolmente il processo, consentendo un controllo preciso della temperatura senza richiedere un intervento manuale costante.

È importante tenere conto del fatto che la temperatura ottimale varia a seconda della fase di crescita delle piante e delle specifiche esigenze della coltura. Ad esempio, molte piante preferiscono temperature più elevate durante il giorno e temperature leggermente più basse durante la notte. Pertanto, è essenziale regolare la temperatura in base alle esigenze specifiche delle piante coltivate.

XI. Selezione delle piante adatte alla coltivazione idroponica

1. Selezione delle piante adatte alla coltivazione idroponica

Nel processo di selezione delle piante per la coltivazione idroponica, è essenziale considerare una serie di fattori che possono influenzare il successo e la produttività del sistema. La scelta delle piante giuste costituisce un elemento cruciale per garantire che il sistema idroponico funzioni in modo ottimale e produca raccolti abbondanti e di alta qualità. Diversi tipi di piante possono avere requisiti diversi in termini di nutrienti, luce, umidità e temperatura, quindi è importante selezionare varietà che si adattino alle condizioni specifiche del sistema idroponico e che siano adatte alla coltivazione senza suolo. Alcuni fattori chiave da considerare includono il ciclo di crescita della pianta, la sua tolleranza alla siccità, la resistenza alle malattie e ai parassiti, nonché le preferenze di consumo e le esigenze di mercato.

Inoltre, è importante valutare la dimensione e lo spazio disponibile per la coltivazione, poiché alcune piante richiedono più spazio rispetto ad altre e possono richiedere sistemi di supporto o di sostegno specifici. La selezione delle piante idroponiche ideali richiede una valutazione attenta e un'attenzione ai dettagli per massimizzare il rendimento e garantire il successo a lungo termine del sistema.

2. Fattori da considerare nella scelta delle piante

Nella scelta delle piante per la coltivazione idroponica, è fondamentale considerare una serie di fattori per garantire il successo del sistema. Uno dei principali fattori da tenere in considerazione è il ciclo di crescita della pianta. Alcune piante hanno un ciclo di crescita breve, mentre altre richiedono più tempo per raggiungere la maturità. È importante selezionare le piante in base alla durata del ciclo di crescita e assicurarsi che siano compatibili con il tempo e le risorse disponibili.

Inoltre, è essenziale valutare la tolleranza alla siccità delle piante. Poiché i sistemi idroponici regolano l'umidità del substrato in modo preciso, le piante devono essere in grado di sopportare variazioni nell'approvvigionamento idrico senza subire danni significativi. Allo stesso modo, la resistenza alle malattie e ai parassiti è un altro aspetto cruciale da considerare nella scelta delle piante. Le coltivazioni idroponiche possono essere più suscettibili a determinate malattie e infestazioni, quindi è importante selezionare varietà che siano resistenti e robuste contro tali minacce.

Infine, è importante valutare le preferenze di consumo e le esigenze di mercato. Le piante selezionate dovrebbero essere popolari tra i consumatori e avere una domanda stabile sul mercato per garantire la redditività della coltivazione. Considerando attentamente questi fattori, è possibile scegliere le piante più adatte alla coltivazione idroponica e massimizzare il successo del sistema.

3. Esempi di piante adatte alla coltivazione idroponica

Esistono numerose piante adatte alla coltivazione idroponica, ciascuna con le proprie caratteristiche e requisiti specifici. Tra le piante da foglia verde, le lattughe sono particolarmente adatte alla coltivazione idroponica. Varie varietà di lattuga, come la lattuga romana, la lattuga iceberg e la lattuga a foglia di quercia, crescono rapidamente e prosperano in sistemi idroponici. Le erbe aromatiche come il basilico, il prezzemolo, la menta e il coriandolo sono altre eccellenti opzioni per la coltivazione idroponica, poiché richiedono poco spazio e producono abbondanti raccolti. Per quanto riguarda le verdure, i pomodori sono popolari tra i coltivatori idroponici per la loro capacità di crescere vigorosamente in sistemi idroponici e produrre frutti abbondanti. I peperoni, le zucchine e le melanzane sono altre verdure che si adattano bene alla coltivazione idroponica. Le fragole sono una scelta preferita per la coltivazione idroponica delle piante da frutto, poiché prosperano in sistemi a coltura senza suolo e producono frutti succulenti in abbondanza. Anche le piante rampicanti come i fagioli e i piselli possono essere coltivate con successo in sistemi idroponici verticali, consentendo un utilizzo efficiente dello spazio.

Questi sono solo alcuni esempi di piante che si prestano bene alla coltivazione idroponica, ma l'elenco è lungo e variegato, offrendo molte opzioni ai coltivatori idroponici per soddisfare le proprie preferenze e esigenze di coltivazione.

4. Strategie per la selezione delle varietà vegetali

Nella selezione delle varietà vegetali per la coltivazione idroponica, è essenziale considerare diversi fattori al fine di ottenere i migliori risultati. Prima di tutto, è importante valutare le caratteristiche specifiche di ciascuna varietà, comprese le esigenze di luce, temperatura, umidità e nutrienti. Le varietà che si adattano meglio all'ambiente idroponico sono quelle che tollerano variazioni nell'approvvigionamento di acqua e nutrienti e che possono prosperare in condizioni controllate.

Un altro aspetto cruciale nella selezione delle varietà vegetali è la durata del ciclo di crescita. Alcune piante hanno un ciclo di crescita più breve rispetto ad altre, il che le rende ideali per la coltivazione idroponica in sistemi a rotazione rapida. Ad esempio, varietà di lattuga a crescita rapida possono essere coltivate con successo in cicli di coltivazione più brevi, consentendo un rapido turnover dei raccolti.

Inoltre, è importante considerare la resistenza alle malattie e agli insetti delle varietà vegetali selezionate. Le varietà che presentano una maggiore resistenza alle malattie e agli insetti richiederanno meno interventi di controllo e manutenzione, riducendo così il rischio di perdite di raccolto e garantendo una produzione più stabile e affidabile nel tempo.

Infine, è consigliabile consultare fonti affidabili e esperti nel settore per ottenere informazioni dettagliate sulle varietà vegetali più adatte alla coltivazione idroponica. I cataloghi dei fornitori di semi e le guide specializzate possono fornire preziose informazioni sulle caratteristiche delle varietà e sui loro requisiti di coltivazione. Inoltre, partecipare a gruppi di coltivatori o forum online può offrire l'opportunità di scambiare esperienze e conoscenze con altri coltivatori idroponici, contribuendo a migliorare le proprie strategie di selezione delle varietà vegetali.

5. Considerazioni finali nella selezione delle piante

Nel processo di selezione delle piante per la coltivazione idroponica, è fondamentale considerare una serie di fattori per garantire il successo del raccolto. Dopo aver valutato attentamente le varie opzioni e aver tenuto conto delle esigenze specifiche di luce, temperatura, umidità e nutrienti, è importante fare una sintesi di tutte le informazioni raccolte per prendere decisioni informate.

Una delle considerazioni finali più importanti è la diversificazione del raccolto. Optare per una varietà di piante può contribuire a mitigare il rischio associato a potenziali problemi di crescita o malattie che possono colpire una singola specie. Inoltre, la diversificazione del raccolto consente di soddisfare una gamma più ampia di esigenze dei consumatori e di offrire una maggiore varietà di prodotti sul mercato.

Allo stesso modo, è essenziale considerare la disponibilità di semi e materiali di propagazione per le varietà vegetali selezionate. Assicurarsi di poter accedere facilmente ai semi o ai materiali di propagazione desiderati è cruciale per garantire una fornitura costante di piante per la coltivazione idroponica. Inoltre, è consigliabile valutare la disponibilità di fornitori affidabili e di alta qualità per garantire una continuità nella fornitura dei materiali necessari.

Un'altra considerazione finale importante è la gestione delle risorse e dei costi. Oltre alle esigenze specifiche delle piante stesse, è necessario valutare anche il tempo, l'energia e le risorse finanziarie richieste per la coltivazione di ciascuna varietà. Ottimizzare l'efficienza e ridurre gli sprechi è fondamentale per mantenere i costi sotto controllo e massimizzare il rendimento complessivo del sistema di coltivazione idroponica.

Infine, è consigliabile tenere traccia dei risultati e monitorare attentamente le prestazioni delle varietà vegetali selezionate nel corso del tempo. Questo permette di apportare eventuali modifiche o aggiustamenti in base all'esperienza pratica e ai feedback ricevuti, migliorando così continuamente il processo di selezione delle piante e ottimizzando il successo complessivo della coltivazione idroponica.

XII. Preparazione del giardino idroponico: installazione e montaggio del sistema

1. Scelta del luogo di installazione

La scelta del luogo di installazione per il tuo giardino idroponico è un passo cruciale per il successo del tuo progetto. Prima di procedere con l'installazione, è fondamentale valutare attentamente diversi fattori che influenzeranno le condizioni di crescita delle tue piante. Innanzitutto, considera l'accesso alla luce solare. Posiziona il tuo giardino in un'area dove le piante ricevano la giusta quantità di luce naturale durante il giorno. Se possibile, scegli un luogo con esposizione diretta al sole per almeno 6-8 ore al giorno, in particolare per le piante che richiedono una quantità significativa di luce per la fotosintesi.

Inoltre, valuta la disponibilità di risorse idriche. Assicurati che il luogo prescelto abbia un facile accesso all'acqua, sia per il riempimento dei serbatoi idroponici che per le eventuali operazioni di manutenzione. Potrebbe essere necessario installare un sistema di irrigazione o un sistema di ricircolo dell'acqua per garantire un flusso costante di acqua alle tue piante.

Considera anche l'ambiente circostante. Evita aree soggette a forti venti o a sbalzi di temperatura estremi, che potrebbero compromettere la salute delle piante. Cerca un luogo riparato, possibilmente protetto da muri o barriere naturali, che possa fornire una certa stabilità ambientale alle tue coltivazioni.

Infine, valuta lo spazio disponibile e le dimensioni del tuo giardino idroponico. Assicurati che il luogo scelto possa ospitare comodamente il sistema di coltivazione che hai in mente, considerando anche lo spazio per l'accesso e la manutenzione. Se hai intenzione di espandere il tuo giardino in futuro, prendi in considerazione questa possibilità nella scelta del luogo.

In sintesi, la scelta del luogo di installazione per il tuo giardino idroponico richiede una valutazione attenta di diversi fattori, tra cui l'accesso alla luce solare, la disponibilità di acqua, l'ambiente circostante e lo spazio disponibile. Prenditi il tempo necessario per valutare queste considerazioni e scegliere il luogo più adatto alle tue esigenze di coltivazione.

2. Montaggio del sistema di coltivazione

Una volta scelto il luogo ideale per il tuo giardino idroponico, è ora di procedere con il montaggio del sistema di coltivazione. Questo processo può variare a seconda del tipo di sistema che hai scelto e delle tue esigenze specifiche, ma ci sono alcune linee guida generali da seguire.

Prima di tutto, assicurati di avere a disposizione tutti gli strumenti e i materiali necessari per il montaggio. Questi possono includere tubi flessibili, pompe, serbatoi, contenitori, dispositivi di aerazione, sistemi di illuminazione e altro ancora, a seconda del tipo di sistema che stai installando.

Inizia assemblando la struttura portante del tuo sistema, assicurandoti che sia stabile e ben ancorata al terreno o alla superficie su cui verrà posizionata. Se stai installando un sistema idroponico su scala più grande, potresti dover considerare anche la costruzione di un telaio o di una struttura su misura.

Successivamente, collega tutti i componenti del sistema seguendo le istruzioni del produttore. Assicurati che tutti i collegamenti siano stretti e sicuri per evitare perdite d'acqua o malfunzionamenti.

Una volta completato il montaggio del sistema principale, è il momento di installare gli accessori aggiuntivi come sistemi di irrigazione, dispositivi di monitoraggio, sistemi di supporto per le piante e sistemi di illuminazione. Assicurati di posizionare questi componenti in modo strategico per garantire una distribuzione uniforme dell'acqua, della luce e dei nutrienti alle tue piante.

Infine, effettua un controllo completo del sistema per assicurarti che tutto funzioni correttamente. Testa la pompa per verificare il flusso d'acqua, controlla che tutti i tubi siano ben collegati e privi di perdite e verifica che tutti i sensori e i dispositivi di monitoraggio siano operativi.

Una volta completato il montaggio e il controllo del sistema, il tuo giardino idroponico sarà pronto per l'uso. Ricorda di effettuare regolarmente la manutenzione e di monitorare attentamente le condizioni delle tue piante per assicurarti una crescita sana e prospera.

3. Connessione degli elementi

La connessione degli elementi è una fase cruciale nel montaggio di un sistema di coltivazione idroponica. Questo processo implica il collegamento di tutti i componenti del sistema, inclusi serbatoi d'acqua, pompe, tubi, dispositivi di aerazione e altri accessori, per garantire un flusso armonioso di acqua, nutrienti e aria alle piante.

Per prima cosa, è importante stabilire un layout ben pianificato per il tuo sistema, tenendo conto delle dimensioni del tuo spazio e delle esigenze delle piante che coltiverai. Pianifica attentamente la posizione dei serbatoi d'acqua, delle pompe e degli altri componenti in modo da massimizzare l'efficienza e facilitare l'accesso per la manutenzione.

Una volta determinata la disposizione generale, passa al collegamento fisico dei componenti. Utilizza tubi flessibili di alta qualità per collegare i serbatoi d'acqua alle pompe e ai sistemi di irrigazione. Assicurati che i tubi siano ben stretti e sigillati per evitare perdite d'acqua e garantire un flusso uniforme.

Successivamente, collega le pompe ai sistemi di irrigazione e di aerazione, assicurandoti di seguire le indicazioni del produttore per garantire un funzionamento ottimale. Controlla che tutti i collegamenti siano sicuri e che non vi siano blocchi o ostruzioni che possano compromettere il flusso dell'acqua o dell'aria.

Una volta completata la connessione dei principali componenti del sistema, passa a collegare eventuali dispositivi di monitoraggio e controllo, come sensori di umidità, termometri e dispositivi di regolazione automatica. Questi elementi sono essenziali per garantire un ambiente ottimale per la crescita delle piante e per monitorare attentamente le condizioni del tuo giardino idroponico.

Infine, effettua un controllo completo del sistema per assicurarti che tutti i collegamenti siano sicuri e che il flusso di acqua, nutrienti e aria sia regolare e uniforme in tutto il sistema. Effettua le regolazioni necessarie e effettua una prova di funzionamento per garantire che tutto funzioni correttamente prima di avviare la coltivazione delle piante.

Una volta completata la connessione degli elementi, il tuo sistema di coltivazione idroponica sarà pronto per essere avviato e potrai iniziare a godere dei vantaggi di una crescita delle piante controllata e altamente efficiente.

4. Test e regolazioni iniziali

Dopo aver completato il montaggio del sistema di coltivazione idroponica e la connessione degli elementi, è fondamentale eseguire una serie di test e regolazioni iniziali per assicurarsi che tutto funzioni correttamente prima di iniziare la coltivazione delle piante.

Il primo passo consiste nel verificare che tutte le connessioni siano salde e che non vi siano perdite d'acqua o di aria. Ispeziona attentamente ogni componente del sistema, dai serbatoi d'acqua alle pompe, ai tubi e ai dispositivi di irrigazione, per individuare eventuali anomalie o problemi di tenuta. Sigilla accuratamente eventuali giunture o crepe e sostituisci eventuali componenti danneggiati o difettosi.

Una volta completata la verifica delle connessioni, passa a testare il funzionamento delle pompe e dei sistemi di irrigazione. Accendi le pompe e osserva il flusso dell'acqua attraverso i tubi e i sistemi di irrigazione. Assicurati che l'acqua venga distribuita uniformemente su tutte le piante e che non vi siano ostruzioni o perdite lungo il percorso.

Successivamente, controlla il corretto funzionamento dei dispositivi di aerazione e di circolazione dell'aria. Assicurati che l'aria venga distribuita uniformemente in tutto il sistema e che vi sia una buona circolazione dell'aria intorno alle radici delle piante. Verifica anche che i livelli di umidità e temperatura siano adeguati e che non vi siano variazioni significative lungo il sistema.

Una volta completati i test sui principali componenti del sistema, passa a regolare eventuali parametri come il flusso d'acqua, la frequenza di irrigazione, la quantità di nutrienti e la durata dell'illuminazione. Monitora attentamente le risposte delle piante e apporta eventuali regolazioni necessarie per ottimizzare le condizioni di crescita.

Infine, effettua una serie di test di stress sul sistema per valutarne la robustezza e l'affidabilità in condizioni estreme. Simula situazioni di emergenza come blackout di corrente, malfunzionamenti delle pompe o perdite d'acqua e valuta la risposta del sistema e la sua capacità di ripristinare le condizioni ottimali di crescita delle piante.

Effettuare test e regolazioni iniziali è fondamentale per garantire il successo della coltivazione idroponica e prevenire potenziali problemi futuri. Investire tempo ed energia in questa fase iniziale può fare la differenza tra una coltivazione di successo e un fallimento.

5. Manutenzione e monitoraggio continuo

La manutenzione e il monitoraggio continuo sono due pilastri fondamentali per il successo di qualsiasi sistema di coltivazione idroponica. Dopo aver completato l'installazione e i test iniziali, è essenziale stabilire una routine di manutenzione regolare e un sistema di monitoraggio per garantire che il giardino idroponico funzioni in modo ottimale nel tempo.

La manutenzione dovrebbe includere una serie di attività preventive per garantire che tutti i componenti del sistema rimangano in buone condizioni di funzionamento. Ciò può comprendere la pulizia regolare dei serbatoi d'acqua, delle pompe e dei filtri per prevenire l'accumulo di sedimenti o alghe che potrebbero ostruire i tubi o compromettere la qualità dell'acqua. È anche importante controllare periodicamente lo stato dei tubi e dei raccordi per individuare eventuali perdite o danni e sostituire i componenti usurati o danneggiati.

Oltre alla manutenzione fisica del sistema, è essenziale anche un monitoraggio continuo delle condizioni ambientali e delle prestazioni delle piante. Ciò può essere realizzato attraverso l'uso di sensori e strumenti di monitoraggio automatico che misurano parametri chiave come la temperatura, l'umidità, il pH e l'EC dell'acqua, nonché la luminosità e la temperatura dell'aria. Questi dati possono essere visualizzati su un'interfaccia utente o registrati su un registro per consentire un'analisi approfondita delle tendenze nel tempo.

Basandosi sui dati raccolti dal sistema di monitoraggio, è possibile apportare regolazioni e correzioni tempestive per ottimizzare le condizioni di crescita delle piante e prevenire potenziali problemi. Ad esempio, se i livelli di pH o EC dell'acqua si discostano dai valori ottimali, è possibile regolarli aggiungendo o rimuovendo nutrienti o regolando il flusso d'acqua attraverso il sistema. Inoltre, se i sensori rilevano variazioni significative nelle condizioni ambientali, è possibile intervenire regolando la temperatura, l'umidità o l'intensità luminosa dell'illuminazione per mantenere un ambiente di crescita ottimale per le piante.

La manutenzione e il monitoraggio continuo richiedono un impegno costante da parte dell'agricoltore idroponico, ma sono essenziali per garantire il successo a lungo termine del giardino idroponico e massimizzare la resa delle piante. Investire tempo ed energia in queste attività può contribuire significativamente a ridurre i rischi di problemi e a mantenere il sistema in condizioni ottimali di crescita.

6. Ottimizzazione e aggiustamenti

Dopo aver avviato e monitorato il giardino idroponico per un certo periodo, è probabile che si rendano necessari alcuni aggiustamenti e ottimizzazioni per massimizzare le prestazioni del sistema e ottenere risultati ancora migliori. Questa fase di ottimizzazione e aggiustamenti è cruciale per affinare il sistema e adattarlo alle esigenze specifiche delle piante coltivate, nonché per affrontare eventuali sfide o problemi che possono emergere durante il ciclo di crescita.

Uno dei principali aspetti dell'ottimizzazione riguarda l'ottimizzazione delle condizioni ambientali all'interno del giardino idroponico. Questo può includere l'ottimizzazione della temperatura, dell'umidità e dell'illuminazione per garantire che le piante ricevano esattamente ciò di cui hanno bisogno per crescere in modo sano e vigoroso. Ad esempio, se le piante mostrano segni di stress dovuti a temperature troppo elevate o basse, è necessario regolare il sistema di raffreddamento o riscaldamento per mantenere una temperatura ottimale. Allo stesso modo, se le piante sembrano soffrire a causa di livelli di umidità troppo alti o bassi, è possibile regolare il sistema di umidificazione o ventilazione per fornire un ambiente più confortevole.

Inoltre, durante questa fase, è importante continuare a monitorare attentamente i livelli di pH e EC dell'acqua e apportare eventuali regolazioni necessarie per mantenerli entro i range ottimali per le piante coltivate. Ciò può richiedere aggiustamenti della soluzione nutritiva o del sistema di dosaggio per garantire che le piante ricevano una corretta alimentazione.

Inoltre, potrebbe essere necessario ottimizzare la distribuzione dell'acqua e dei nutrienti all'interno del sistema idroponico per garantire una distribuzione uniforme e una massima assorbimento da parte delle piante. Questo potrebbe implicare l'aggiunta di tubi di irrigazione supplementari, la regolazione dei tempi di irrigazione o l'ottimizzazione della posizione delle pompe e dei filtri.

Infine, durante questa fase, è importante continuare a osservare da vicino le piante e adattare le pratiche colturali in base alle loro esigenze specifiche. Ciò potrebbe includere la potatura regolare per promuovere una crescita sana e vigorosa, la gestione delle infestazioni di parassiti o malattie e la raccolta delle piante mature per garantire una resa ottimale.

In sintesi, la fase di ottimizzazione e aggiustamenti è un momento critico nel ciclo di crescita del giardino idroponico, durante il quale è possibile affinare il sistema e adattarlo alle esigenze specifiche delle piante coltivate. Investire tempo ed energia in questa fase può portare a risultati significativamente migliori e massimizzare la resa complessiva del giardino idroponico.

XIII. Propagazione delle piante in ambiente idroponico

1. Metodi di propagazione in ambiente idroponico

Talea

Nel vasto mondo della coltivazione idroponica, la propagazione delle piante rappresenta un passaggio cruciale e affascinante. I metodi utilizzati sono molteplici e offrono agli agricoltori e agli appassionati la possibilità di moltiplicare le loro specie vegetali preferite in modo efficiente e controllato.

Uno dei modi più comuni per propagare le piante in ambiente idroponico è attraverso il metodo della talea. Questo processo coinvolge il prelievo di un segmento della pianta madre, come un rametto o una porzione di stelo, e il suo successivo inserimento in una soluzione nutritiva o in un substrato idroponico. Le piante così ottenute sviluppano le loro radici direttamente nell'ambiente idroponico, garantendo un rapido e sano processo di crescita. La propagazione per talea è particolarmente adatta per le piante che hanno una buona capacità di sviluppare radici da frammenti staccati della pianta madre.

Un altro metodo ampiamente utilizzato è la propagazione per seme. Questo approccio coinvolge la semina dei semi direttamente in un substrato idroponico o in appositi supporti, come la lana di roccia. La propagazione per seme è ideale per le piante che hanno un ciclo di vita naturale che comprende la germinazione da seme e che non richiedono particolari cure durante la fase iniziale di crescita. Questo metodo offre una grande versatilità e può essere utilizzato per una vasta gamma di piante, dalle verdure alle erbe aromatiche.

Inoltre, esiste la tecnica della micropropagazione, che coinvolge la crescita di piante da piccoli frammenti di tessuto in condizioni controllate di laboratorio. Questo metodo è particolarmente utile per la propagazione di piante rare o a rischio di estinzione, consentendo la produzione di un gran numero di piante identiche geneticamente in un breve periodo di tempo.

Infine, c'è la propagazione per divisione, che consiste nel dividere una pianta madre in parti più piccole, ciascuna delle quali può essere coltivata autonomamente. Questo metodo è spesso utilizzato per piante perenni che crescono in ciuffi o in gruppi, come le piante ornamentali e le erbe perenni.

Ogni metodo di propagazione ha i suoi vantaggi e svantaggi, e la scelta dipende dalle caratteristiche specifiche della pianta da propagare, dalle risorse disponibili e dagli obiettivi del coltivatore. Una combinazione di diversi metodi può essere la strategia migliore per garantire il successo nel propagare una vasta gamma di piante in ambiente idroponico, permettendo di sfruttare al meglio le potenzialità di questa affascinante tecnica di coltivazione.

2. Preparazione dei materiali e delle attrezzature necessarie

Prima di intraprendere il processo di propagazione delle piante in ambiente idroponico, è essenziale assicurarsi di disporre dei materiali e delle attrezzature necessarie per garantire il successo dell'operazione. La preparazione accurata del materiale è fondamentale per creare le condizioni ottimali per la crescita delle nuove piante e per garantire che il processo di propagazione avvenga senza intoppi.

Innanzitutto, è importante avere a disposizione un substrato idoneo per la propagazione. Esistono diversi tipi di substrati utilizzabili, tra cui la lana di roccia, la fibra di cocco, la perlite, la vermiculite e la torba. Ognuno di questi materiali ha caratteristiche diverse e può essere adatto a determinati tipi di piante o a specifiche fasi del processo di propagazione. Ad esempio, la lana di roccia è un substrato molto versatile e ampiamente utilizzato, in grado di trattenere l'umidità e garantire un'adeguata aerazione delle radici.

Oltre al substrato, è necessario disporre di contenitori o vasi idonei per ospitare le piante durante la fase di propagazione. Questi contenitori devono essere puliti e disinfettati prima dell'uso per evitare la contaminazione da agenti patogeni che potrebbero compromettere la salute delle piante.

Inoltre, è essenziale avere a disposizione una soluzione nutritiva bilanciata, contenente tutti i macro e micronutrienti necessari per sostenere la crescita delle piante durante la fase di propagazione. Questa soluzione può essere preparata autonomamente miscelando gli ingredienti necessari, oppure può essere acquistata già pronta presso fornitori specializzati.

Infine, è importante disporre di attrezzature per la gestione dell'ambiente, come sistemi di illuminazione, sistemi di irrigazione automatica e strumenti per il controllo dei parametri ambientali come temperatura e umidità. Queste attrezzature sono fondamentali per creare un ambiente ottimale per la crescita delle piante e per garantire che il processo di propagazione proceda nel migliore dei modi possibili.

Preparare accuratamente i materiali e le attrezzature necessarie prima di iniziare il processo di propagazione è fondamentale per garantire il successo dell'operazione e per ottenere piante sane e vigorose. Dedica tempo e attenzione a questa fase preparatoria, e sarai ricompensato con risultati soddisfacenti nel tuo giardino idroponico.

3. Procedura per la propagazione delle piante

La procedura per la propagazione delle piante in ambiente idroponico richiede un approccio meticoloso e ben pianificato al fine di massimizzare il tasso di successo e garantire la sana crescita delle nuove piantine. Seguire una serie di passaggi chiave è fondamentale per assicurare che il processo di propagazione si svolga in modo efficiente e senza intoppi.

Innanzitutto, è importante selezionare attentamente le piante madri da cui prelevare le talee o i germogli per la propagazione. Le piante madri devono essere sane, prive di malattie e parassiti, e devono presentare un buon vigore vegetativo. È consigliabile eseguire una selezione accurata delle piante madri in base alle caratteristiche desiderate, come la produttività, la resistenza alle malattie e la qualità del prodotto.

Una volta selezionate le piante madri, è necessario prelevare le talee o i germogli utilizzando strumenti puliti e affilati per ridurre al minimo il danno alle piante. I talee dovrebbero essere prelevati dalle parti più giovani e vigorose della pianta madre, assicurandosi di tagliare in modo netto e preciso per favorire una guarigione rapida e una rapida radicazione.

Dopo il prelievo delle talee, è importante prepararli adeguatamente per la fase di radicazione. Questo può includere la rimozione delle foglie inferiori per ridurre la perdita di acqua e favorire la formazione delle radici, nonché l'applicazione di ormoni radicanti per promuovere la crescita delle radici. Le talee devono essere quindi piantati nel substrato idroponico preparato con cura, assicurandosi di fornire un ambiente ottimale per la crescita delle radici.

Una volta piantati, le talee devono essere posti in un ambiente protetto e controllato, con una corretta illuminazione, temperatura e umidità, per favorire una rapida radicazione e una crescita vigorosa. Durante questa fase, è importante monitorare attentamente lo sviluppo delle radici e apportare eventuali correzioni o aggiustamenti necessari per garantire il successo della propagazione.

Infine, una volta che le talee hanno radicato e le nuove piantine si sono stabilizzate, è possibile procedere al trapianto in un sistema idroponico più grande o in vasi individuali per la crescita continua. È importante continuare a monitorare attentamente le piante durante questa fase e fornire loro le cure necessarie per favorire una crescita sana e vigorosa.

Seguire attentamente questa procedura per la propagazione delle piante in ambiente idroponico è essenziale per ottenere risultati ottimali e garantire una produzione abbondante e di alta qualità nel tuo giardino idroponico. Dedica tempo e attenzione a ogni passaggio del processo, e sarai ricompensato con piante robuste e vigorose che prospereranno nel tuo sistema idroponico.

4. Monitoraggio e gestione delle condizioni durante la propagazione

Durante la fase di propagazione delle piante in ambiente idroponico, il monitoraggio e la gestione delle condizioni ambientali sono cruciali per assicurare il successo del processo. È fondamentale mantenere un ambiente ottimale per la radicazione e lo sviluppo iniziale delle piante, fornendo loro le condizioni ideali per crescere vigorosamente e rapidamente.

Il monitoraggio delle condizioni ambientali durante la propagazione include diversi fattori chiave, tra cui la temperatura, l'umidità, la luminosità e la ventilazione. È importante tenere sotto controllo questi parametri e apportare eventuali regolazioni necessarie per garantire un ambiente stabile e favorevole alla crescita delle piante.

La temperatura dell'ambiente di propagazione dovrebbe essere mantenuta in un range ottimale per la crescita delle radici, di solito compreso tra i 20°C e i 25°C. Temperature troppo alte possono favorire lo sviluppo di patogeni e malattie, mentre temperature troppo basse possono rallentare il processo di radicazione. Utilizzare termometri e dispositivi di controllo della temperatura può aiutare a mantenere la temperatura desiderata.

L'umidità dell'aria è un altro fattore critico da monitorare durante la propagazione. Un'umidità relativa elevata può favorire la formazione di muffe e malattie fungine, mentre un'umidità troppo bassa può causare un'eccessiva perdita di acqua attraverso le foglie dei talee. È importante mantenere un'umidità relativa adeguata, di solito intorno al 70-80%, utilizzando umidificatori o sistemi di nebulizzazione.

La luminosità è un altro aspetto cruciale da considerare durante la propagazione. Le piante giovani hanno bisogno di una quantità adeguata di luce per la fotosintesi e lo sviluppo delle radici. È importante fornire una luce uniforme e di alta qualità, utilizzando lampade apposite per la propagazione o sfruttando la luce solare in modo efficace con l'uso di serre o tende luminose.

Infine, la ventilazione è essenziale per mantenere un flusso d'aria adeguato intorno alle piante durante la propagazione. Una buona ventilazione aiuta a prevenire il ristagno dell'aria e la formazione di muffe, oltre a favorire lo scambio di gas essenziali per la crescita delle piante. È consigliabile utilizzare ventilatori per mantenere un flusso d'aria costante e uniforme all'interno dell'ambiente di propagazione.

Monitorare attentamente e gestire in modo adeguato queste condizioni durante la propagazione delle piante in ambiente idroponico è essenziale per garantire una crescita sana e robusta delle piantine. Prendersi cura di ogni dettaglio durante questa fase critica del processo di coltivazione contribuirà a massimizzare il tasso di successo e a ottenere piante vigorose e di alta qualità.

5. Considerazioni finali e raccomandazioni

Nel valutare le considerazioni finali e le raccomandazioni riguardanti la propagazione delle piante in ambiente idroponico, è essenziale tenere conto di diversi fattori chiave che possono influenzare il successo complessivo del processo. Considerando la complessità e la delicatezza della fase di propagazione, è importante adottare un approccio olistico e attuare le migliori pratiche disponibili per garantire risultati ottimali.

Innanzitutto, è fondamentale selezionare con cura le piante da propagare, assicurandosi di scegliere varietà adatte alla coltivazione idroponica e con una buona capacità di radicazione. La scelta delle piante giuste può fare la differenza tra un processo di propagazione di successo e uno che incontra difficoltà.

Inoltre, è cruciale garantire un ambiente di propagazione stabile e controllato, mantenendo condizioni ottimali di temperatura, umidità, illuminazione e ventilazione. Monitorare attentamente questi parametri e apportare eventuali regolazioni in tempo reale può contribuire significativamente a migliorare i risultati della propagazione.

Un altro aspetto da considerare è la corretta preparazione dei materiali e delle attrezzature necessarie per la propagazione, assicurandosi di disporre di tutto il necessario prima di iniziare il processo. Questo include la scelta dei substrati, dei contenitori e degli strumenti appropriati per la propagazione, nonché la preparazione di soluzioni nutrienti o di altri prodotti necessari per favorire la crescita delle radici.

È inoltre consigliabile seguire una procedura ben definita durante la propagazione, con passaggi chiari e sequenziali per garantire una gestione efficace del processo. Questo può includere la preparazione dei tagli, l'applicazione di ormoni radicanti se necessario, il trapianto dei talee in substrato idoneo e la cura continua delle piante durante la fase di radicazione.

Infine, è importante tenere presente che la propagazione delle piante in ambiente idroponico richiede pazienza, dedizione e pratica. Anche se possono verificarsi sfide lungo il percorso, è importante perseverare e imparare dagli eventuali errori o insuccessi. Con il tempo e l'esperienza, è possibile affinare le proprie abilità e ottenere risultati sempre migliori nella propagazione delle piante in ambiente idroponico.

Seguendo attentamente queste raccomandazioni e tenendo conto delle considerazioni finali, è possibile massimizzare il successo della propagazione delle piante in ambiente idroponico e ottenere piante robuste e sane per la coltivazione. La pratica costante e l'attenzione ai dettagli sono fondamentali per diventare un propagatore esperto e ottenere risultati eccezionali nel mondo della coltivazione idroponica.

XIV. Trapianto e gestione delle piantine in crescita

1. Preparazione delle piantine per il trapianto

Nel momento di preparare le piantine per il trapianto in un sistema idroponico, è essenziale adottare una serie di pratiche che assicurino una transizione senza problemi e un adattamento ottimale al nuovo ambiente. Questo processo richiede cura, attenzione ai dettagli e un'approfondita comprensione delle esigenze specifiche delle piante e del sistema idroponico in cui saranno collocate.

La preparazione delle piantine inizia molto prima del momento effettivo del trapianto, con una serie di passaggi chiave che vanno eseguiti per garantire la salute e la vitalità delle piante durante tutto il processo. Prima di tutto, è importante selezionare piantine robuste e sane, prive di malattie o danni evidenti, in modo da massimizzare le probabilità di successo nel nuovo ambiente. Successivamente, è fondamentale garantire che le piantine siano adeguatamente nutrite e idratate, preparandole per il cambiamento radicale che avverrà durante il trapianto. Questo può includere l'applicazione di fertilizzanti bilanciati e il mantenimento di un adeguato livello di umidità nel substrato o nel supporto di crescita.

Inoltre, è consigliabile eseguire una serie di interventi di potatura e diradamento per promuovere una crescita equilibrata e una distribuzione uniforme delle risorse durante il trapianto.

Infine, è importante prendersi il tempo necessario per eseguire una corretta acclimatazione delle piantine al nuovo ambiente, esponendole gradualmente a condizioni ambientali simili a quelle che troveranno dopo il trapianto. Questo aiuterà le piantine a ridurre lo stress e a adattarsi più facilmente al nuovo ambiente, aumentando le probabilità di successo nel sistema idroponico.

In breve, la preparazione delle piantine per il trapianto richiede un approccio completo e metodico, che tenga conto di una serie di fattori cruciali per garantire una transizione senza problemi e una crescita ottimale nel nuovo ambiente idroponico.

2. Procedura di trapianto

Il trapianto delle piantine in un sistema idroponico è un passaggio cruciale che richiede cura e precisione per garantire il successo della crescita e la salute delle piante. La procedura di trapianto inizia con la preparazione del sistema idroponico stesso, che deve essere pronto ad accogliere le nuove piantine.

Prima di tutto, è importante assicurarsi che il sistema idroponico sia completamente pulito e disinfettato per evitare la trasmissione di malattie o patogeni alle piantine appena trapiantate. Successivamente, vengono preparati i supporti di crescita o i substrati, assicurandosi che siano ben drenati e posizionati correttamente nel sistema idroponico. Una volta completata la preparazione del sistema, le piantine possono essere rimosse dai loro contenitori originali e inserite con cura nei supporti di crescita o nei substrati nel sistema idroponico. Durante questo processo, è importante maneggiare le radici con delicatezza per evitare danni e stress alle piante.

Dopo il trapianto, le piantine devono essere stabilizzate e irrigate adeguatamente per garantire una buona adesione al nuovo ambiente e per promuovere la ripresa della crescita. È importante monitorare attentamente le condizioni delle piante nelle ore e nei giorni successivi al trapianto, facendo eventuali regolazioni necessarie al sistema idroponico o alle condizioni ambientali per ottimizzare la crescita e minimizzare lo stress delle piante. Inoltre, è consigliabile evitare il trapianto durante le ore più calde della giornata per ridurre il rischio di stress da calore alle piante.

In breve, una procedura di trapianto ben pianificata e eseguita con cura è essenziale per garantire una transizione senza problemi delle piantine nel sistema idroponico e per massimizzare le probabilità di successo nella crescita.

3. Gestione post-trapianto

Dopo il trapianto delle piantine in un sistema idroponico, è fondamentale prestare attenzione alla gestione post-trapianto per garantire una crescita sana e robusta delle piante. Una delle prime attività da compiere dopo il trapianto è continuare a monitorare attentamente le piante per individuare eventuali segni di stress o problemi di adattamento al nuovo ambiente. Questo monitoraggio dovrebbe includere l'osservazione delle foglie, dei fusti e delle radici delle piante per eventuali segni di avvizzimento, ingiallimento o altre anomalie.

Inoltre, è importante continuare a controllare regolarmente i livelli di umidità, temperatura, pH e conducibilità elettrica dell'acqua nel sistema idroponico per assicurarsi che le condizioni ambientali siano ottimali per la crescita delle piante. Durante le prime settimane dopo il trapianto, le piante potrebbero richiedere una maggiore attenzione e cure speciali per garantire una buona adattamento e una crescita vigorosa. Questo potrebbe includere regolazioni aggiuntive al sistema idroponico, come modifiche alla quantità o alla frequenza dell'irrigazione, l'aggiunta di nutrienti supplementari o l'ottimizzazione dell'illuminazione.

Inoltre, è importante continuare a monitorare da vicino lo sviluppo delle radici delle piante, poiché un sistema radicale sano è essenziale per una crescita forte e vigorosa delle piante. Durante questo periodo critico, è consigliabile anche evitare disturbi eccessivi alle piante, come movimenti o manipolazioni frequenti, per ridurre al minimo lo stress e favorire una rapida ripresa dopo il trapianto.

In conclusione, una gestione attenta e diligente delle piante dopo il trapianto è fondamentale per garantire una transizione senza problemi nel sistema idroponico e per massimizzare le probabilità di successo nella crescita a lungo termine.

4. Adattamento delle piantine al nuovo ambiente

Dopo il trapianto, le piantine devono affrontare un periodo di adattamento al nuovo ambiente, che può comportare alcune sfide. Durante questo processo, le piante devono stabilire nuove radici nel substrato idroponico e regolare la propria fisiologia per soddisfare le esigenze dell'ambiente circostante. Una delle principali sfide durante l'adattamento è garantire un adeguato apporto di acqua e nutrienti alle piante senza sovraccaricarle o stressarle eccessivamente. Pertanto, è importante mantenere un equilibrio delicato nelle condizioni ambientali, regolando attentamente la quantità e la frequenza dell'irrigazione e dell'alimentazione delle piante. Durante le prime fasi dell'adattamento, le piante possono manifestare segni di stress come appassimento delle foglie o ingiallimento, ma è importante non preoccuparsi e continuare a fornire loro le cure necessarie.

Un'altra sfida durante l'adattamento è garantire un'adeguata esposizione alla luce e all'aria per le piante. Durante le prime settimane dopo il trapianto, le piante potrebbero avere bisogno di un'illuminazione graduale per abituarsi alla nuova intensità luminosa e alla durata del ciclo di luce.

Inoltre, è importante assicurarsi che le piante ricevano una buona ventilazione per favorire lo scambio di gas e prevenire lo sviluppo di malattie fungine o batteriche. Durante questo periodo, è consigliabile evitare di stressare ulteriormente le piante con movimenti eccessivi o manipolazioni frequenti e fornire loro un ambiente stabile e confortevole per favorire un rapido adattamento e una crescita vigorosa.

In conclusione, l'adattamento delle piantine al nuovo ambiente richiede attenzione e cure particolari per garantire una transizione senza problemi e favorire una crescita sana e robusta nel sistema idroponico.

5. Considerazioni finali e raccomandazioni

Nelle considerazioni finali e raccomandazioni riguardanti il trapianto e la gestione delle piantine in crescita in un sistema idroponico, è essenziale sottolineare l'importanza della pianificazione e della preparazione accurata prima dell'esecuzione di tali operazioni. Un punto chiave da considerare è la selezione dei giusti materiali e attrezzature, compresi substrati, vasi, sistemi di irrigazione, nutrienti e strumenti di monitoraggio. Questi devono essere di alta qualità e adatti alle esigenze specifiche delle piante che si intendono coltivare.

Inoltre, è fondamentale seguire una procedura di trapianto precisa e delicata per evitare danni alle radici e allo sviluppo delle piante. Questo include la gestione attenta delle radici durante il trapianto e la creazione di condizioni ottimali per il loro recupero e crescita successiva. Durante questo processo, è consigliabile monitorare attentamente le condizioni delle piante e apportare eventuali correzioni o aggiustamenti necessari per garantire una transizione senza problemi.

Una volta completato il trapianto, è importante continuare a monitorare e gestire attentamente le piantine in crescita, assicurandosi di fornire loro un ambiente ottimale per la crescita. Ciò include la regolazione delle condizioni ambientali come umidità, temperatura, illuminazione e ventilazione, nonché la fornitura regolare di acqua e nutrienti. Inoltre, è consigliabile effettuare controlli regolari per rilevare eventuali segni di stress o malattie e intervenire prontamente per risolvere eventuali problemi.

Infine, è importante ricordare che ogni pianta e ogni ambiente di coltivazione è unico, quindi è essenziale adattare le pratiche di trapianto e gestione alle specifiche esigenze delle piante e alle condizioni locali. Con la giusta pianificazione, attenzione ai dettagli e cure costanti, è possibile ottenere una crescita sana e vigorosa delle piante in un sistema idroponico, garantendo una buona resa e qualità del raccolto.

XV. Gestione quotidiana del giardino idroponico: irrigazione, nutrizione, e monitoraggio

Irrigazione a goccia

1. Irrigazione nel giardino idroponico

Nel contesto della coltivazione idroponica, l'irrigazione rappresenta un aspetto cruciale per garantire la crescita sana e vigorosa delle piante. Questo sistema si distingue per l'assenza di terreno, sostituito da un substrato inerte o da una soluzione nutrienti che viene direttamente fornita alle radici delle piante. Vediamo nel dettaglio i principali metodi di irrigazione utilizzati in un giardino idroponico:

1.1 Irrigazione a goccia

Questo metodo prevede il rilascio controllato di piccole quantità di soluzione nutrienti direttamente alla base delle piante attraverso un sistema di tubi e gocciolatori. È particolarmente adatto per piante sensibili all'umidità o che richiedono un apporto idrico preciso e regolare.

1.2 Irrigazione per nebulizzazione

In questo sistema, la soluzione nutritiva viene vaporizzata in piccole gocce sospese nell'aria, creando un ambiente umido intorno alle radici delle piante. Questo metodo favorisce l'assorbimento dei nutrienti e l'aerazione delle radici, contribuendo alla crescita sana delle piante.

1.3 Irrigazione per immersione

Le piante vengono immerse periodicamente in una soluzione nutrienti contenuta in un serbatoio o bacino. Questo metodo permette alle radici di assorbire la quantità desiderata di acqua e nutrienti, mentre l'acqua in eccesso viene drenata per evitare ristagni.

1.4 Irrigazione per flusso e riflusso

Conosciuta anche come irrigazione a getto intermittente, questa tecnica prevede il flusso intermittente di soluzione nutrienti attraverso il substrato in cui sono coltivate le piante. Questo processo simula il ciclo naturale di bagnatura e asciugatura del terreno, promuovendo una migliore aerazione delle radici e prevenendo il ristagno idrico.

1.5 Irrigazione per aspersione

In questo metodo, la soluzione nutrienti viene distribuita attraverso un sistema di tubi e spruzzatori che nebulizzano l'acqua sopra le piante. Questo sistema è efficace per coprire aree più ampie e garantire una distribuzione uniforme dei nutrienti.

1.6 Irrigazione a foglia

In alcuni casi, soprattutto per piante con fogliame robusto e resistente, è possibile utilizzare l'irrigazione diretta sulle foglie. Questo metodo permette alle piante di assorbire acqua e nutrienti attraverso le foglie, facilitando l'assimilazione e la distribuzione dei nutrienti.

La scelta del metodo di irrigazione dipende dalle esigenze specifiche delle piante coltivate, dalle dimensioni del giardino idroponico e dalle preferenze del coltivatore. È importante valutare attentamente ciascuna opzione e adottare quella più adatta per garantire una crescita ottimale e una gestione efficiente delle risorse idriche e nutritive.

2. Nutrizione delle piante

La nutrizione delle piante in un sistema idroponico è un elemento fondamentale per garantire una crescita sana e vigorosa. Poiché le piante non possono attingere nutrienti dal terreno, è compito del coltivatore fornire loro una soluzione nutrienti equilibrata e completa. Ecco alcuni aspetti chiave da considerare nella nutrizione delle piante in un giardino idroponico:

2.1 Composizione della soluzione nutrienti

La soluzione nutrienti deve contenere una gamma completa di macro e microelementi essenziali per la crescita delle piante. Questi includono azoto (N), fosforo (P), potassio (K), calcio (Ca), magnesio (Mg), zolfo (S) e una serie di micronutrienti come ferro (Fe), zinco (Zn), manganese (Mn), rame (Cu), boro (B), molibdeno (Mo) e altri. È importante mantenere un corretto equilibrio tra questi nutrienti per evitare carenze o eccessi che potrebbero compromettere la salute delle piante.

2.2 Regolazione del pH

Il pH della soluzione nutrienti ha un impatto significativo sull'assorbimento dei nutrienti da parte delle piante. La maggior parte delle piante idroponiche prospera in un intervallo di pH compreso tra 5,5 e 6,5. Mantenere il pH della soluzione nutrienti all'interno di questo intervallo ottimale è essenziale per massimizzare l'assorbimento dei nutrienti e prevenire problemi legati alla disponibilità dei nutrienti.

2.3 Monitoraggio della conducibilità elettrica (EC)

La conducibilità elettrica della soluzione nutrienti misura la concentrazione complessiva dei sali nutrienti disciolti nell'acqua. Un livello appropriato di EC è importante per evitare carenze o eccessi di nutrienti. Un monitoraggio regolare dell'EC consente di regolare la concentrazione dei nutrienti in base alle esigenze specifiche delle piante e alle condizioni ambientali.

2.4 Ciclo di nutrizione

Le piante attraversano diverse fasi di crescita durante il loro ciclo di vita, ciascuna con esigenze nutrizionali specifiche. È importante adattare la composizione della soluzione nutrienti e la sua concentrazione in base alle diverse fasi di crescita delle piante, come la fase vegetativa, la fase di fioritura e la fase di fruttificazione.

2.5 Integrazione di nutrienti

Oltre ai nutrienti disciolti nella soluzione nutrienti, è possibile integrare ulteriori nutrienti attraverso l'uso di fertilizzanti organici o inorganici, bio-stimolanti e altri additivi che possono contribuire alla salute e alla produttività delle piante.

Assicurare una nutrizione ottimale delle piante è fondamentale per ottenere raccolti abbondanti e di alta qualità in un giardino idroponico. Un'attenta gestione della composizione della soluzione nutrienti, del pH e dell'EC, insieme a una corretta integrazione di nutrienti supplementari, permette di creare un ambiente ideale per la crescita delle piante e massimizzare il loro potenziale produttivo.

3. Monitoraggio dei parametri ambientali

Il monitoraggio dei parametri ambientali è un aspetto cruciale nella gestione quotidiana di un giardino idroponico. Diversi parametri devono essere attentamente osservati e registrati per garantire un ambiente ottimale per la crescita delle piante. Ecco alcuni dei principali parametri ambientali da monitorare:

3.1 Temperatura

La temperatura dell'ambiente di coltivazione influisce direttamente sul metabolismo delle piante e sulla loro capacità di assorbire acqua e nutrienti. È importante mantenere la temperatura all'interno di un range ottimale per la crescita delle piante, che varia a seconda della specie coltivata. In generale, la temperatura dovrebbe essere compresa tra i 18°C e i 24°C durante il giorno e leggermente più bassa durante la notte.

3.2 Umidità relativa

L'umidità relativa dell'aria è un altro fattore critico da monitorare. Livelli di umidità troppo alti possono favorire lo sviluppo di muffe e malattie fungine, mentre livelli troppo bassi possono causare stress idrico alle piante. Per la maggior parte delle coltivazioni idroponiche, un'umidità relativa compresa tra il 50% e il 70% è considerata ottimale.

3.3 Luminosità

La quantità e la qualità della luce che le piante ricevono influenzano direttamente la fotosintesi e la crescita. È importante monitorare l'intensità luminosa e la durata dell'illuminazione per garantire che le piante ricevano la quantità di luce necessaria per una crescita sana. Inoltre, è importante assicurarsi che la luce fornita abbia lo spettro appropriato per la fase di crescita delle piante.

3.4 Ventilazione

Una corretta ventilazione dell'ambiente di coltivazione è essenziale per garantire un'adeguata circolazione dell'aria e prevenire l'accumulo di umidità e calore eccessivi. La ventilazione aiuta anche a rafforzare le piante e a prevenire problemi legati alla muffa e alle malattie.

3.5 pH e conducibilità elettrica (EC)

Oltre ai parametri ambientali più comuni, è importante monitorare anche il pH della soluzione nutrienti e la conducibilità elettrica (EC). Mantenere il pH e l'EC all'interno di valori ottimali è essenziale per garantire un'assorbimento ottimale dei nutrienti da parte delle piante.

Il monitoraggio regolare di questi parametri ambientali consente al coltivatore di rilevare tempestivamente eventuali problemi e apportare le correzioni necessarie per mantenere un ambiente ottimale per la crescita delle piante. L'uso di strumenti di monitoraggio come termometri, igrometri, luxmetri e tester di pH ed EC è fondamentale per un'efficace gestione del giardino idroponico.

4. Regolazione dei livelli di pH e EC

La regolazione dei livelli di pH e conducibilità elettrica (EC) è un aspetto fondamentale della gestione di un sistema idroponico. Il pH e l'EC della soluzione nutritiva influenzano direttamente l'assorbimento dei nutrienti da parte delle piante e, di conseguenza, la loro crescita e la loro salute complessiva. Ecco alcuni metodi comuni per regolare i livelli di pH e EC in un giardino idroponico:

4.1 Regolatori di pH

Per mantenere il pH della soluzione nutritiva all'interno del range ottimale per le piante, spesso si utilizzano regolatori di pH. Questi possono essere acidi o basi deboli che vengono aggiunti alla soluzione per abbassare o alzare il pH, rispettivamente. È importante essere prudenti nell'uso di regolatori di pH e monitorare regolarmente il pH della soluzione per evitare variazioni improvvise e dannose.

4.2 Soluzioni tampone

Le soluzioni tampone sono miscele di acidi e basi che aiutano a stabilizzare il pH della soluzione nutritiva, riducendo la sua sensibilità alle variazioni. Aggiungere una piccola quantità di soluzione tampone alla soluzione nutritiva può aiutare a mantenere il pH stabile nel tempo.

4.3 Sostituzione della soluzione nutritiva

Periodicamente, è consigliabile sostituire completamente la soluzione nutritiva per evitare accumuli eccessivi di sali e mantenere il pH e l'EC sotto controllo. La frequenza della sostituzione dipende dalla tipologia del sistema idroponico, dalle esigenze delle piante e dalla qualità dell'acqua utilizzata.

4.4 Monitoraggio e regolazione dell'EC

Oltre al pH, è importante monitorare e regolare anche l'EC della soluzione nutritiva. L'EC misura la concentrazione complessiva dei sali nella soluzione e indica la disponibilità dei nutrienti per le piante. L'EC può essere regolato aggiungendo acqua o concentrato di nutrienti alla soluzione, a seconda delle necessità delle piante e delle condizioni ambientali.

4.5 Uso di filtri e sistemi di purificazione

Qualità dell'acqua di partenza influisce direttamente sulla stabilità del pH e dell'EC della soluzione nutritiva. L'uso di filtri e sistemi di purificazione dell'acqua può contribuire a ridurre la presenza di contaminanti e impurità che potrebbero influenzare negativamente i livelli di pH e EC.

La regolazione dei livelli di pH e EC richiede un monitoraggio costante e un intervento tempestivo per mantenere un ambiente ottimale per la crescita delle piante. Con un'adeguata attenzione e cura, è possibile garantire che le piante ricevano i nutrienti di cui hanno bisogno per prosperare e produrre raccolti abbondanti.

5. Gestione delle potenziali problematiche

Nel corso della gestione quotidiana del giardino idroponico, è importante essere consapevoli delle potenziali problematiche che potrebbero emergere e sapere come affrontarle in modo efficace. Ecco alcune delle principali sfide che potrebbero presentarsi e le relative strategie di gestione:

5.1 Malfunzionamenti del sistema

I malfunzionamenti del sistema idroponico possono manifestarsi sotto forma di guasti della pompa, perdite d'acqua, ostruzioni nei tubi o altri problemi tecnici. È essenziale condurre controlli regolari del sistema per individuare tempestivamente eventuali anomalie e intervenire prontamente per risolverle. Mantenere un registro dettagliato delle operazioni di manutenzione e delle riparazioni effettuate può aiutare a prevenire futuri problemi e a garantire un funzionamento ottimale del sistema nel tempo.

5.2 Malattie delle piante

Le malattie delle piante possono diffondersi rapidamente in un ambiente idroponico se non gestite correttamente. È importante adottare pratiche di coltivazione igieniche, come la sterilizzazione degli strumenti e la pulizia regolare del sistema, per ridurre il rischio di contaminazione. Inoltre, l'uso di integratori nutrizionali specifici può rafforzare le difese naturali delle piante e proteggerle dalle malattie.

5.3 Parassiti e infestazioni

Gli insetti e altri parassiti possono rappresentare una minaccia per le piante coltivate in idroponica. Monitorare attentamente le piante per individuare segni di infestazione, come foglie danneggiate o presenza di insetti, e intervenire prontamente con metodi di controllo biologico o trattamenti naturali, come l'uso di insetticidi a base di oli essenziali o estratti vegetali. Inoltre, mantenere un ambiente pulito e ben ventilato può contribuire a ridurre il rischio di infestazioni.

5.4 Variazioni ambientali

Le variazioni nei livelli di temperatura, umidità e illuminazione possono influenzare la salute e la crescita delle piante. Monitorare costantemente questi parametri e apportare eventuali correzioni mediante l'uso di sistemi di riscaldamento, umidificatori, ventilatori o luci artificiali supplementari, se necessario. Inoltre, essere preparati a fronteggiare eventuali emergenze, come black-out o interruzioni nell'approvvigionamento idrico, con soluzioni di backup e piani di emergenza ben definiti.

5.5 Stress delle piante

Le piante possono subire stress dovuto a vari fattori, tra cui cambiamenti improvvisi nelle condizioni ambientali, mancanza o eccesso di nutrienti, o danni meccanici durante il trapianto o la manipolazione. Monitorare attentamente le piante per individuare segni di stress, come ingiallimento delle foglie o arresto della crescita, e adottare misure correttive, come l'aggiustamento dei livelli di nutrienti o l'applicazione di tecniche di potatura, per ripristinare la salute e la vitalità delle piante.

Affrontare le potenziali problematiche nella gestione quotidiana del giardino idroponico richiede vigilanza costante, conoscenza approfondita delle esigenze delle piante e prontezza nell'adottare le misure correttive appropriate. Con una pianificazione attenta e una gestione diligente, è possibile minimizzare i rischi e garantire il successo della coltivazione idroponica.

XVI. Problemi comuni nella coltivazione idroponica e soluzioni pratiche

1. Problema: Alghe in eccesso

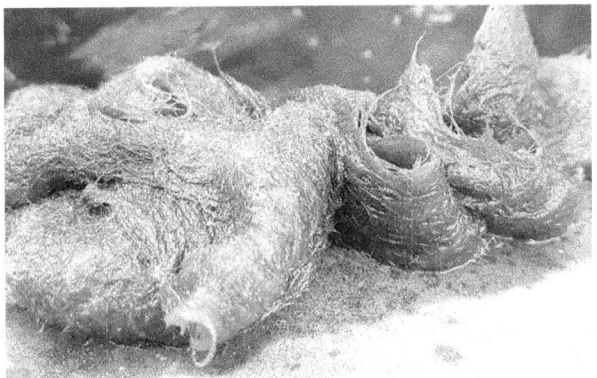

Alghe

Le alghe in eccesso rappresentano uno dei problemi più comuni e fastidiosi nella coltivazione idroponica. Sebbene le alghe siano organismi naturali e svolgano un ruolo importante negli ecosistemi acquatici, la loro proliferazione incontrollata può compromettere gravemente la salute delle piante coltivate. Le alghe possono svilupparsi rapidamente in presenza di condizioni ambientali favorevoli, come la presenza di luce solare diretta, nutrienti in eccesso e temperature elevate. Quando si trovano in un sistema idroponico, possono attaccarsi alle radici delle piante, ostruendo i canali di nutrienti e compromettendo l'assorbimento idrico e nutritivo.

Inoltre, le alghe in eccesso possono creare un ambiente favorevole alla crescita di batteri dannosi e funghi patogeni, aumentando il rischio di malattie nelle piante. Per gestire efficacemente il problema delle alghe in eccesso, è necessario adottare diverse strategie preventive e correttive, che includono il controllo della luce solare mediante schermature, il monitoraggio e la regolazione dei livelli di nutrienti, l'implementazione di sistemi di filtraggio e disinfezione dell'acqua, e l'uso di prodotti naturali o chimici specifici per il controllo delle alghe.

Implementare queste misure con cura e costanza è fondamentale per mantenere un ambiente di coltivazione idroponica sano e prospero, riducendo al minimo il rischio di problemi legati alle alghe

2. Problema: Muffa radicale

Muffa radicale

La muffa radicale rappresenta una delle sfide più temute nella coltivazione idroponica, poiché può compromettere seriamente la salute delle piante e ridurre drasticamente la resa del raccolto. Questo problema si manifesta quando i microrganismi nocivi, come funghi e batteri, proliferano nell'ambiente radicale, creando condizioni favorevoli alla loro crescita. Le radici delle piante idroponiche sono particolarmente vulnerabili alla muffa radicale a causa dell'abbondanza di umidità e nutrienti presenti nella soluzione nutritiva.

I sintomi più comuni della muffa radicale includono radici scure e marce, odore sgradevole, e ridotta capacità delle piante di assorbire acqua e nutrienti. La presenza di muffa radicale può portare alla necrosi delle radici, compromettendo il sistema radicale e causando un collasso della pianta. Per prevenire la muffa radicale, è essenziale mantenere un ambiente radicale pulito e sterile. Ciò può essere ottenuto utilizzando substrati inerti e sterili, come la lana di roccia o i cubetti di cocco, che riducono il rischio di contaminazione da microrganismi dannosi.

Inoltre, è fondamentale monitorare attentamente la qualità dell'acqua e della soluzione nutritiva, evitando accumuli di nutrienti non assorbiti e garantendo un'adeguata ossigenazione delle radici. Se la muffa radicale viene rilevata, è importante intervenire tempestivamente utilizzando trattamenti antifungini o antimicrobici specifici per l'idroponica, seguendo le dosi e le modalità d'uso raccomandate dal produttore. Una gestione preventiva e proattiva della muffa radicale è essenziale per mantenere la salute e la produttività delle piante nell'ambiente idroponico.

3. Problema: pH instabile

Un altro problema comune nella coltivazione idroponica è rappresentato dall'instabilità del pH nella soluzione nutritiva. Il pH, che indica il livello di acidità o alcalinità di una soluzione, gioca un ruolo fondamentale nell'assorbimento ottimale dei nutrienti da parte delle piante. Un pH instabile può compromettere l'equilibrio dei nutrienti nell'ambiente radicale, influenzando negativamente la disponibilità e l'assimilazione di elementi essenziali per la crescita delle piante.

I fattori che contribuiscono all'instabilità del pH includono la qualità dell'acqua di partenza, l'attività metabolica delle radici, e le variazioni nella composizione della soluzione nutritiva. Un pH troppo elevato o troppo basso può portare a una serie di problemi, tra cui carenze o eccessi di nutrienti, shock osmotici, e compromissione della salute delle piante.

Per mantenere il pH stabile nella soluzione nutritiva, è fondamentale monitorare regolarmente il livello di pH e adottare misure correttive quando necessario. Questo può essere fatto utilizzando appositi kit per il controllo del pH o strumenti di monitoraggio automatico.

Inoltre, è possibile regolare il pH aggiungendo acidi o basi alla soluzione nutritiva, secondo le indicazioni specifiche del protocollo di coltivazione. È importante agire con prontezza per correggere eventuali deviazioni dal range ottimale di pH, poiché un pH stabile favorisce una

4. Problema: Carenza di ossigeno

La carenza di ossigeno è un problema critico che può verificarsi nel sistema radicale delle piante coltivate in ambiente idroponico. Le radici delle piante richiedono un adeguato apporto di ossigeno per svolgere le loro funzioni vitali, compresa la respirazione cellulare e l'assorbimento dei nutrienti. Quando le radici ricevono meno ossigeno del necessario, possono manifestarsi una serie di sintomi negativi, tra cui ingiallimento delle foglie, rallentamento della crescita, marciume delle radici e aumento della suscettibilità alle malattie. La carenza di ossigeno può essere causata da diversi fattori, tra cui un'insufficiente aerazione del sistema radicale, un'elevata temperatura dell'acqua, un'elevata concentrazione di sostanze organiche in decomposizione nel substrato, o un'eccessiva densità radicale.

Per prevenire e risolvere la carenza di ossigeno, è fondamentale adottare diverse strategie. Innanzitutto, è importante garantire un'adeguata aerazione del sistema radicale attraverso l'uso di pompe d'aria e diffusori d'aria nell'acqua di coltura. Questo aiuta a fornire ossigeno alle radici e a prevenire l'accumulo di anossia nel substrato.

Inoltre, è consigliabile controllare la temperatura dell'acqua, mantenendola entro un range ottimale per favorire la solubilità dell'ossigeno. Ridurre la densità radicale attraverso pratiche di potatura e mantenere puliti e ben drenati i substrati può anche contribuire a migliorare la circolazione dell'ossigeno intorno alle radici.

Infine, è importante monitorare attentamente le condizioni del sistema radicale e intervenire prontamente in caso di segni di carenza di ossigeno per garantire una crescita sana e vigorosa delle piante.

5. Problema: Accumulo di sale

L'accumulo di sale è un problema comune che può verificarsi nei sistemi idroponici a causa dell'uso ripetuto di soluzioni nutritive. Quando le piante assorbono acqua dalla soluzione nutritiva, i sali minerali contenuti in essa possono rimanere nel substrato e accumularsi nel tempo. Questo fenomeno può causare danni alle radici e compromettere l'equilibrio ionico della pianta, portando a sintomi di stress idrico, come appassimento delle foglie, ingiallimento e necrosi. L'accumulo di sale può essere causato da diversi fattori, tra cui l'uso eccessivo di fertilizzanti, l'evaporazione dell'acqua che lascia depositi di sali sulla superficie del substrato e l'uso di acqua ad alta concentrazione di sali minerali.

Per prevenire e gestire l'accumulo di sale, è importante adottare diverse strategie. Innanzitutto, è consigliabile monitorare regolarmente la conducibilità elettrica (EC) della soluzione nutritiva e scaricare e sostituire regolarmente la soluzione quando la concentrazione di sali supera i livelli desiderati.

Inoltre, è utile praticare la fertirrigazione intermittente, alternando periodi di irrigazione con soluzione nutritiva a periodi di irrigazione con acqua pulita per aiutare a diluire e rimuovere i sali in eccesso dal substrato. L'uso di substrati ben drenati e l'implementazione di un sistema di drenaggio adeguato possono anche contribuire a prevenire l'accumulo di sale nel sistema radicale.

Infine, è fondamentale fornire un'adeguata ventilazione e aerazione intorno alle radici per favorire il risciacquo dei sali e migliorare l'assorbimento dei nutrienti da parte delle piante.

XVII. Ottimizzazione delle rese e dei rendimenti nelle coltivazioni idroponiche

1. Scelta delle varietà

Nella coltivazione idroponica, la scelta delle varietà vegetali è un passo fondamentale che può influenzare significativamente il successo complessivo del sistema. Le varietà selezionate dovrebbero essere adattate alle specifiche condizioni ambientali dell'impianto idroponico, tenendo conto di fattori quali temperatura, umidità, intensità luminosa e disponibilità di nutrienti. Ad esempio, in un ambiente controllato come quello idroponico, è possibile scegliere varietà che richiedono temperature particolari per la germinazione e la crescita ottimale. Allo stesso modo, è importante considerare le esigenze di luce delle piante e selezionare varietà che prosperano sotto la tipologia di illuminazione utilizzata nel sistema idroponico.

Oltre alle caratteristiche ambientali, è essenziale valutare le caratteristiche genetiche delle varietà, comprese la resistenza alle malattie e agli insetti, la produttività, il tempo di crescita e la compatibilità con il sistema idroponico specifico. Ad esempio, alcune varietà possono essere più adatte alla coltivazione idroponica in sistemi a flusso e riflusso, mentre altre potrebbero avere una migliore performance in sistemi di film nutrienti o in sistemi di coltivazione verticale.

Inoltre, è consigliabile considerare le preferenze del mercato e le esigenze dei consumatori durante la selezione delle varietà. Alcune varietà possono essere più richieste sul mercato locale o avere caratteristiche organolettiche particolarmente apprezzate, come colore, sapore o consistenza. Scegliere varietà che soddisfano le preferenze dei consumatori può contribuire a garantire una maggiore redditività e successo commerciale della coltivazione idroponica.

Infine, è importante sottolineare l'importanza della diversificazione delle varietà nella coltivazione idroponica. Utilizzare una varietà di piante può contribuire a ridurre il rischio di perdite dovute a problemi specifici di una varietà e a garantire una produzione continua e variata nel corso dell'anno.

In sintesi, la scelta delle varietà è un aspetto cruciale nella coltivazione idroponica, e dovrebbe essere basata su una valutazione attenta delle esigenze ambientali, genetiche e di mercato. Una selezione oculata delle varietà può contribuire in modo significativo al successo e alla sostenibilità della coltivazione idroponica.

2. Gestione dei nutrienti

La gestione dei nutrienti è un aspetto fondamentale nella coltivazione idroponica, poiché le piante dipendono interamente dalla soluzione nutritiva fornita per soddisfare i loro bisogni nutritivi. Per ottimizzare la crescita e la salute delle piante, è essenziale comprendere i principali nutrienti necessari e i metodi per fornirli in modo efficace.

Tra i nutrienti più importanti per le piante, troviamo azoto (N), fosforo (P), potassio (K), calcio (Ca), magnesio (Mg) e zolfo (S), noti come macroelementi. Questi nutrienti sono richiesti in quantità maggiori e svolgono un ruolo cruciale nella crescita delle piante, dalla formazione delle cellule alla fotosintesi. Oltre ai macroelementi, ci sono anche i micronutrienti, come ferro (Fe), manganese (Mn), zinco (Zn), rame (Cu), boro (B), molibdeno (Mo) e cloro (Cl), necessari in quantità minori ma altrettanto essenziali per la salute delle piante.

La gestione dei nutrienti in un sistema idroponico prevede la preparazione e il mantenimento di una soluzione nutritiva equilibrata che fornisca tutti i nutrienti necessari alle piante. Questa soluzione può essere preparata utilizzando miscele di nutrienti commerciali progettate specificamente per la coltivazione idroponica o formulando una propria soluzione in base alle esigenze specifiche delle piante coltivate.

Durante la gestione dei nutrienti, è importante monitorare regolarmente la concentrazione dei nutrienti nella soluzione e regolarla di conseguenza per evitare carenze o eccessi che potrebbero compromettere la crescita delle piante. Questo può essere fatto utilizzando misuratori di pH e conducibilità elettrica (EC) per controllare la qualità della soluzione nutritiva e apportare eventuali correzioni.

Inoltre, è importante considerare il ciclo di vita delle piante e le loro esigenze nutritive in diverse fasi di crescita. Ad esempio, durante la fase vegetativa, le piante potrebbero avere bisogno di una maggiore concentrazione di azoto per sostenere la crescita delle foglie e dei germogli, mentre durante la fase riproduttiva potrebbe essere necessaria una maggiore concentrazione di fosforo e potassio per favorire lo sviluppo dei fiori e dei frutti.

Infine, la gestione dei nutrienti deve essere integrata con altre pratiche di gestione del giardino idroponico, come la regolazione della temperatura, l'irrigazione e il controllo dei parassiti, per garantire una crescita ottimale delle piante e massimizzare i rendimenti.

3. Ottimizzazione dell'illuminazione

L'ottimizzazione dell'illuminazione è cruciale per garantire una crescita sana e vigorosa delle piante nel sistema idroponico. Poiché le piante dipendono dalla luce per la fotosintesi, è essenziale fornire loro una fonte luminosa adeguata e bilanciata per soddisfare le loro esigenze di crescita. In un ambiente idroponico, dove le piante sono cresciute in condizioni controllate all'interno di serre o camere di coltivazione, è possibile utilizzare diverse tecnologie di illuminazione per garantire che le piante ricevano la giusta quantità e qualità di luce.

Uno dei tipi di illuminazione più comunemente utilizzati nella coltivazione idroponica è l'illuminazione a LED (diodi a emissione di luce). Questi dispositivi offrono una serie di vantaggi rispetto ad altre forme di illuminazione, tra cui un consumo energetico più basso, una maggiore efficienza luminosa e la possibilità di personalizzare lo spettro luminoso per adattarlo alle esigenze specifiche delle piante in diverse fasi di crescita. Ad esempio, è possibile regolare la temperatura del colore della luce per favorire la crescita vegetativa durante la fase vegetativa e la fioritura durante la fase riproduttiva.

Un'altra opzione comune è l'illuminazione al sodio ad alta pressione (HPS), che emette una luce calda e intensa che favorisce la crescita e la fioritura delle piante. Sebbene gli impianti HPS siano stati a lungo utilizzati nella coltivazione indoor, presentano alcuni svantaggi rispetto agli impianti LED, tra cui un maggiore consumo energetico e una durata più breve della lampada. Tuttavia, possono essere ancora una scelta valida per alcune colture, soprattutto se si cerca di massimizzare la produzione di fiori o frutti.

Altri tipi di illuminazione utilizzati nella coltivazione idroponica includono lampade al plasma, lampade a induzione e lampade fluorescenti. Ognuna di queste tecnologie ha i suoi vantaggi e svantaggi, e la scelta del tipo di illuminazione dipenderà dalle esigenze specifiche delle piante coltivate, dalle preferenze del coltivatore e dalle considerazioni di bilancio.

Indipendentemente dal tipo di illuminazione scelto, è importante posizionare le luci in modo ottimale per garantire una distribuzione uniforme della luce su tutte le piante e minimizzare le aree ombreggiate. Inoltre, è fondamentale monitorare costantemente l'intensità luminosa e la durata dell'illuminazione per assicurarsi che le piante ricevano la quantità di luce necessaria per una crescita sana e vigorosa.

4. Controllo dell'umidità e della temperatura

Il controllo dell'umidità e della temperatura è fondamentale per mantenere un ambiente ottimale per la crescita delle piante nel sistema idroponico. Questi due fattori influenzano direttamente la traspirazione delle piante, la disponibilità di acqua e nutrienti nel substrato radicale e la velocità di crescita complessiva delle colture.

Per quanto riguarda l'umidità, è importante mantenere livelli appropriati per evitare problemi come il marciume radicale e le malattie fungine. L'umidità relativa ideale varia a seconda delle fasi di crescita delle piante, ma in generale dovrebbe essere mantenuta tra il 50% e il 70%. L'eccesso di umidità può portare alla formazione di condensa sulle foglie e sulle pareti della struttura di coltivazione, creando un ambiente favorevole per lo sviluppo di muffe e malattie. D'altra parte, un'umidità troppo bassa può causare un'eccessiva traspirazione delle piante e il conseguente appassimento delle foglie.

Per mantenere l'umidità sotto controllo, è possibile utilizzare dispositivi come umidificatori e deumidificatori, oltre a ventilatori per migliorare la circolazione dell'aria all'interno della struttura di coltivazione. Inoltre, è importante monitorare regolarmente i livelli di umidità e apportare eventuali regolazioni in base alle esigenze specifiche delle piante e alle condizioni ambientali.

Per quanto riguarda la temperatura, è essenziale mantenere un intervallo ottimale per favorire la crescita e lo sviluppo sani delle piante. La temperatura ideale varia a seconda delle specie coltivate, ma in generale dovrebbe essere compresa tra i 18°C e i 25°C durante il giorno e leggermente più bassa durante la notte. Temperature troppo alte possono compromettere la capacità delle piante di assorbire acqua e nutrienti e aumentare il rischio di stress termico e colpi di calore. Al contrario, temperature troppo basse possono rallentare il metabolismo delle piante e ridurre la loro crescita.

Per controllare la temperatura, è possibile utilizzare sistemi di riscaldamento e raffreddamento, come termoventilatori, pompe di calore e sistemi di nebulizzazione. Inoltre, è consigliabile monitorare costantemente la temperatura all'interno della struttura di coltivazione e apportare eventuali regolazioni per mantenere un ambiente ottimale per le piante.

5. Gestione dell'acqua e dell'irrigazione

La gestione dell'acqua e dell'irrigazione è cruciale per il successo di un sistema idroponico. Questo processo richiede un equilibrio delicato tra fornire alle piante la quantità ottimale di acqua e nutrienti senza sovrabbevuta o sottobevuta.

Il primo passo nella gestione dell'acqua è la valutazione delle esigenze idriche delle piante coltivate. Questo varia in base alla specie, alla fase di crescita e alle condizioni ambientali. Alcune piante possono richiedere una quantità maggiore di acqua durante la fase di crescita vegetativa, mentre altre potrebbero necessitare di meno acqua durante la fioritura o la fruttificazione.

Una volta comprese le esigenze idriche delle piante, è importante selezionare un sistema di irrigazione appropriato. Ci sono diversi metodi di irrigazione disponibili per i sistemi idroponici, tra cui irrigazione per gocciolamento, irrigazione a flusso e riflusso, e irrigazione per nebulizzazione. Ogni metodo ha i suoi vantaggi e svantaggi, e la scelta dipenderà dalle esigenze specifiche del giardino idroponico.

Durante l'irrigazione, è essenziale monitorare attentamente la quantità di acqua fornita alle piante e assicurarsi che non ci sia ristagno d'acqua nel substrato radicale. L'accumulo di acqua può portare al marciume delle radici e alla carenza di ossigeno, compromettendo la salute delle piante.

Inoltre, è importante considerare la qualità dell'acqua utilizzata per l'irrigazione. L'acqua dovrebbe essere priva di contaminanti e di sali dannosi che potrebbero accumularsi nel substrato radicale nel tempo. In alcuni casi, potrebbe essere necessario utilizzare sistemi di filtrazione o trattamento dell'acqua per garantire che sia adatta alla coltivazione idroponica.

Infine, è consigliabile pianificare un programma di irrigazione regolare in base alle esigenze delle piante e alle condizioni ambientali. Questo può includere la programmazione di irrigazioni automatiche o l'uso di sensori di umidità del suolo per monitorare l'umidità del substrato radicale e attivare l'irrigazione quando necessario.

XVIII. Gestione dei rifiuti e della sostenibilità in coltivazioni idroponiche

1. Tipologie di rifiuti

Nelle coltivazioni idroponiche, le tipologie di rifiuti possono essere diverse e comprendono sia materiali organici che inorganici. È fondamentale comprendere le varie categorie di rifiuti al fine di implementare strategie di gestione efficaci e sostenibili.

Innanzitutto, tra i rifiuti organici più comuni si trovano le foglie morte, le radici non utilizzate e gli scarti di potatura. Questi rifiuti possono accumularsi nel sistema idroponico nel corso del ciclo di crescita delle piante e, se non rimossi o gestiti correttamente, possono creare un ambiente favorevole alla proliferazione di batteri e funghi patogeni.

Un'altra categoria di rifiuti organici è rappresentata dai residui di substrato o da altri materiali biodegradabili utilizzati come supporto per le piante. Anche se il substrato può offrire inizialmente un sostegno alle radici e favorire lo sviluppo delle piante, alla fine del ciclo di crescita diventa un rifiuto che deve essere gestito in modo appropriato.

D'altra parte, i rifiuti non organici includono materiali come plastica, vetro, metallo e altri materiali di consumo utilizzati nelle operazioni quotidiane della coltivazione idroponica. Questi rifiuti possono derivare dall'imballaggio dei prodotti, dall'uso di contenitori per l'acqua o dai materiali utilizzati nella costruzione e manutenzione del sistema idroponico.

È importante riconoscere che entrambe le tipologie di rifiuti, organici e non organici, possono influenzare l'ambiente della coltivazione idroponica e devono essere affrontate con apposite strategie di gestione. Ad esempio, i rifiuti organici possono essere compostati o riciclati per fertilizzare il terreno o produrre compost di alta qualità, mentre i rifiuti non organici devono essere smaltiti in modo responsabile attraverso il riciclaggio o il corretto smaltimento.

In definitiva, comprendere le diverse tipologie di rifiuti presenti nelle coltivazioni idroponiche è essenziale per implementare pratiche di gestione sostenibili e ridurre l'impatto ambientale complessivo della produzione alimentare in questo contesto.

2. Riduzione dei rifiuti organici

La riduzione dei rifiuti organici nelle coltivazioni idroponiche è un obiettivo cruciale per promuovere la sostenibilità e ottimizzare le risorse disponibili. Esistono diverse strategie pratiche che possono essere adottate per ridurre al minimo la produzione di rifiuti organici e massimizzare il loro utilizzo all'interno del ciclo produttivo.

Una delle prime strategie consiste nell'ottimizzare la gestione dei materiali organici all'interno del sistema idroponico. Ciò può essere realizzato adottando pratiche di potatura o sfoltimento delle piante che riducano la quantità di materiale vegetale non utilizzato. Ad esempio, rimuovere regolarmente le foglie morte o le parti delle piante danneggiate può ridurre la quantità complessiva di rifiuti organici nel sistema.

Inoltre, l'adozione di tecniche di potatura selettiva può aiutare a concentrare l'energia delle piante sulle parti più produttive, riducendo la quantità di biomassa non utilizzata. Questo non solo contribuisce a ridurre i rifiuti organici, ma può anche migliorare la qualità e la quantità dei raccolti.

Un'altra strategia efficace per ridurre i rifiuti organici è l'implementazione di sistemi di compostaggio all'interno della struttura di coltivazione idroponica. Il compostaggio consente di trasformare i rifiuti organici in un fertilizzante naturale ricco di nutrienti che può essere riutilizzato per nutrire le piante. Integrare compostiere nel sistema può fornire un metodo efficiente ed ecologico per smaltire i rifiuti organici e al contempo produrre un prezioso input per la coltivazione.

Inoltre, la promozione di pratiche di gestione integrata dei nutrienti può contribuire a ridurre i rifiuti organici derivanti da sovra-alimentazione o sprechi di nutrienti. Monitorare attentamente le esigenze nutrizionali delle piante e fornire solo la quantità necessaria di nutrienti può ridurre significativamente la produzione di rifiuti organici e migliorare l'efficienza complessiva del sistema.

In sintesi, la riduzione dei rifiuti organici nelle coltivazioni idroponiche richiede un approccio olistico che comprenda pratiche di gestione dei materiali, compostaggio e ottimizzazione dei nutrienti. Implementare queste strategie non solo contribuisce alla sostenibilità ambientale, ma può anche migliorare la redditività e la resilienza del sistema di coltivazione.

3. Riciclaggio dei nutrienti

Il riciclaggio dei nutrienti è un'importante pratica nella gestione sostenibile delle coltivazioni idroponiche, che consente di massimizzare l'utilizzo delle risorse e ridurre gli sprechi. Questo processo mira a recuperare e riutilizzare i nutrienti presenti nel sistema, riducendo la dipendenza da fertilizzanti esterni e promuovendo un ciclo chiuso all'interno dell'ambiente di coltivazione.

Una delle principali strategie per il riciclaggio dei nutrienti è l'adozione di sistemi di recupero e riciclo delle soluzioni nutritive. Questi sistemi prevedono la raccolta e il filtraggio delle soluzioni nutritive esaurite dalle vasche di coltivazione e il loro riutilizzo dopo opportune correzioni di pH ed EC. Le soluzioni nutritive recuperate possono essere integrate nuovamente nel sistema, riducendo la necessità di sostituire completamente la soluzione nutritiva e minimizzando gli sprechi.

Inoltre, è possibile implementare sistemi di filtraggio e depurazione delle acque reflue per ridurre l'impatto ambientale e riciclare i nutrienti in esse presenti. Questi sistemi possono includere filtri a sedimentazione, filtri a carboni attivi e tecnologie avanzate di purificazione dell'acqua che consentono di rimuovere eventuali contaminanti e restituire le acque reflue trattate al sistema di coltivazione per il riutilizzo.

Un'altra pratica comune per il riciclaggio dei nutrienti è l'uso di substrati riciclabili, come la lana di roccia o i mattoni di cocco, che possono essere recuperati e riutilizzati per più cicli colturali. Dopo la fine del ciclo di coltivazione, i substrati possono essere sterilizzati e preparati per essere utilizzati nuovamente, riducendo così la necessità di acquistarne di nuovi e riducendo gli sprechi associati.

Inoltre, è possibile implementare tecniche di riciclaggio dei rifiuti organici, come il compostaggio dei residui vegetali e la produzione di compost di alta qualità da utilizzare come fertilizzante naturale. Il compostaggio consente di trasformare i rifiuti organici in un prezioso input per la coltivazione, riducendo al contempo la quantità di rifiuti destinati allo smaltimento.

In conclusione, il riciclaggio dei nutrienti è un'importante pratica nella gestione sostenibile delle coltivazioni idroponiche, che consente di massimizzare l'efficienza delle risorse e ridurre gli impatti ambientali. Implementare strategie di riciclaggio dei nutrienti non solo promuove la sostenibilità ambientale, ma può anche contribuire a migliorare la redditività e la resilienza del sistema di coltivazione.

4. Utilizzo di materiali sostenibili

L'utilizzo di materiali sostenibili è fondamentale per promuovere la sostenibilità ambientale nelle coltivazioni idroponiche. Questa pratica mira a ridurre l'impatto ambientale delle operazioni colturali e a favorire un ciclo chiuso di risorse, minimizzando l'uso di materiali non rinnovabili e promuovendo l'adozione di alternative ecologiche e riciclabili.

Una delle prime considerazioni nella scelta dei materiali per un sistema idroponico sostenibile è la selezione di componenti riciclabili e biodegradabili. Ad esempio, è possibile utilizzare contenitori e serbatoi realizzati con materiali riciclabili come il polietilene ad alta densità (HDPE) o il polipropilene, che possono essere facilmente riciclati alla fine del loro ciclo di vita. Inoltre, l'adozione di materiali biodegradabili, come i substrati organici o i sacchetti di coltivazione compostabili, contribuisce a ridurre l'impatto ambientale dei rifiuti generati durante la coltivazione.

Oltre alla selezione dei materiali per i componenti del sistema idroponico, è importante considerare anche l'impatto ambientale dei dispositivi di supporto e delle strutture di sostegno utilizzate nelle coltivazioni. Ad esempio, l'utilizzo di sostegni per le piante realizzati con materiali riciclabili o provenienti da fonti sostenibili, come il legno certificato FSC o l'acciaio riciclato, può contribuire a ridurre l'impatto ambientale complessivo del sistema di coltivazione.

Inoltre, è possibile adottare pratiche di progettazione che favoriscano l'efficienza e la durabilità del sistema idroponico, riducendo così la necessità di sostituire frequentemente i materiali e i componenti. Ad esempio, progettare sistemi modulabili e adattabili consente di ridurre gli sprechi associati alla sostituzione di componenti obsolete o danneggiati e di ottimizzare l'utilizzo delle risorse disponibili.

Infine, è importante considerare anche l'impatto ambientale del trasporto e della distribuzione dei materiali utilizzati nelle coltivazioni idroponiche. Privilegiare fornitori locali e scegliere materiali prodotti con processi a basso impatto ambientale può contribuire a ridurre le emissioni di gas serra e l'impatto complessivo della catena di approvvigionamento.

In conclusione, l'utilizzo di materiali sostenibili è un elemento chiave nella promozione della sostenibilità ambientale nelle coltivazioni idroponiche. Selezionare materiali riciclabili, biodegradabili e provenienti da fonti sostenibili, oltre a adottare pratiche di progettazione efficienti, contribuisce a ridurre l'impatto ambientale complessivo delle operazioni colturali e a promuovere un approccio più sostenibile alla produzione alimentare.

5. Monitoraggio dell'impronta ambientale

Il monitoraggio dell'impronta ambientale nelle coltivazioni idroponiche è essenziale per valutare e gestire l'impatto complessivo delle operazioni colturali sull'ambiente circostante. Questo processo coinvolge la valutazione di diversi indicatori ambientali, tra cui l'uso di risorse naturali, le emissioni di gas serra, la produzione di rifiuti e l'efficienza energetica, al fine di identificare aree di miglioramento e implementare strategie per ridurre l'impatto ambientale complessivo del sistema di coltivazione.

Una delle principali componenti del monitoraggio dell'impronta ambientale è la valutazione dell'uso di risorse naturali, inclusa l'acqua e l'energia. Questo può essere realizzato tramite la registrazione dei consumi giornalieri di acqua e energia e l'analisi dei trend nel tempo per identificare eventuali sprechi o inefficienze nel sistema. Ad esempio, misurare il consumo idrico per unità di produzione consente di valutare l'efficienza nell'utilizzo dell'acqua e di adottare misure per ridurre gli sprechi, come l'ottimizzazione dei cicli di irrigazione o l'adozione di tecniche di riciclo dell'acqua.

Inoltre, è importante valutare le emissioni di gas serra associate alle operazioni colturali, in particolare quelle legate all'uso di energia e ai processi di produzione. Questo può essere fatto attraverso la quantificazione delle emissioni di CO_2 e altri gas serra e l'identificazione delle fonti principali di emissioni. Implementare pratiche di gestione energetica, come l'utilizzo di energie rinnovabili o l'ottimizzazione dei sistemi di illuminazione, può contribuire a ridurre l'impatto delle emissioni di gas serra sul cambiamento climatico.

La gestione dei rifiuti è un altro aspetto cruciale del monitoraggio dell'impronta ambientale nelle coltivazioni idroponiche. Questo include la valutazione dei tipi e delle quantità di rifiuti prodotti durante le operazioni colturali e l'implementazione di strategie per ridurne la produzione e favorire il riciclo e il riutilizzo dei materiali. Ad esempio, l'utilizzo di materiali biodegradabili e compostabili può contribuire a ridurre la quantità di rifiuti inviati in discarica e promuovere la chiusura del ciclo dei nutrienti.

Infine, è importante valutare l'efficienza energetica complessiva del sistema di coltivazione e identificare eventuali aree di miglioramento. Ciò può includere l'analisi del consumo energetico dei dispositivi di illuminazione, dei sistemi di riscaldamento e raffreddamento e delle pompe di circolazione, al fine di ottimizzare l'utilizzo dell'energia e ridurre i costi operativi associati alla produzione alimentare.

In conclusione, il monitoraggio dell'impronta ambientale è un processo fondamentale nella gestione sostenibile delle coltivazioni idroponiche. Valutare e gestire l'impatto delle operazioni colturali sull'ambiente circostante consente di identificare aree di miglioramento e implementare strategie per ridurre l'impatto complessivo sul pianeta, promuovendo un approccio più sostenibile alla produzione alimentare.

XIX. Prospettive future e sviluppi tecnologici nella coltivazione idroponica

1. Avanzamenti nella Tecnologia di Monitoraggio

Negli ultimi anni, gli avanzamenti nella tecnologia di monitoraggio hanno rivoluzionato la gestione delle coltivazioni idroponiche, offrendo agli agricoltori un livello senza precedenti di controllo e precisione. Una delle principali innovazioni in questo campo riguarda l'integrazione di sensori di ultima generazione, capaci di raccogliere dati dettagliati e in tempo reale sulle condizioni ambientali e sullo stato delle piante. Questi sensori possono essere installati direttamente nell'ambiente di coltivazione, nelle soluzioni nutrienti o direttamente sui substrati, fornendo informazioni cruciali sui livelli di umidità, temperatura, pH, concentrazione di nutrienti e altri parametri chiave.

Inoltre, i sistemi di monitoraggio avanzati possono essere dotati di telecamere ad alta risoluzione e di tecnologie di imaging iperspettrale, che consentono di monitorare la salute delle piante, identificare precocemente eventuali malattie o stress, e valutare la distribuzione ottimale delle risorse. Grazie alla connessione internet e alla possibilità di accesso remoto, gli agricoltori possono monitorare e controllare il loro giardino idroponico da qualsiasi luogo e in qualsiasi momento, consentendo interventi tempestivi e ottimizzando le prestazioni delle colture.

Questi progressi tecnologici hanno reso possibile una gestione più efficiente e precisa delle coltivazioni idroponiche, consentendo agli agricoltori di massimizzare la resa e ridurre gli sprechi.

2. Sviluppo di Sistemi di Coltivazione Verticale

Il crescente interesse per la coltivazione idroponica ha stimolato anche lo sviluppo di sistemi innovativi, tra cui i sistemi di coltivazione verticale, che consentono di sfruttare al massimo lo spazio disponibile e aumentare la produttività in contesti urbani e ad alta densità abitativa. Questi sistemi sono progettati per impilare più strati di piante verticalmente, ottimizzando l'uso dello spazio e consentendo la coltivazione di un maggior numero di piante su una superficie ridotta. Le piante vengono coltivate su scaffali o torri appositamente progettate, con l'apporto di luce, acqua e nutrienti regolato in modo preciso per massimizzare la crescita e la resa.

L'uso di sistemi di irrigazione a goccia o nebulizzazione consente di distribuire in modo uniforme acqua e nutrienti su tutti i livelli, garantendo una corretta idratazione e alimentazione delle piante in ogni fase di crescita.

Inoltre, l'illuminazione a LED di ultima generazione viene utilizzata per fornire la luce necessaria alla fotosintesi, riducendo al minimo il consumo energetico e garantendo una distribuzione uniforme della luce su tutti i livelli della coltivazione verticale.

Grazie a questi sviluppi, i sistemi di coltivazione verticale stanno emergendo come una soluzione promettente per soddisfare la crescente domanda di prodotti agricoli freschi e sostenibili nelle aree urbane, contribuendo così a promuovere la sicurezza alimentare e la sostenibilità ambientale.

3. Integrazione di Tecnologie di Illuminazione Avanzate

L'integrazione di tecnologie di illuminazione avanzate sta rivoluzionando il settore della coltivazione idroponica, consentendo un controllo preciso delle condizioni di luce per ottimizzare la crescita delle piante in ambienti controllati. Le lampade a LED sono diventate sempre più popolari per la loro efficienza energetica, la lunga durata e la capacità di fornire una luce specifica per le esigenze delle piante. I sistemi di illuminazione a LED consentono di regolare la temperatura del colore e lo spettro luminoso in base alle esigenze delle piante durante le diverse fasi di crescita, migliorando così l'efficienza fotosintetica e la produzione di biomassa.

Inoltre, l'uso di sensori e sistemi di controllo automatizzati consente di monitorare costantemente la luce fornita alle piante e di regolare dinamicamente l'intensità luminosa e la durata dell'illuminazione in base alle condizioni ambientali e alle esigenze delle colture. Questo approccio permette di massimizzare l'efficienza energetica e di ottimizzare la crescita delle piante, riducendo al contempo i costi operativi e migliorando la sostenibilità complessiva del sistema di coltivazione idroponica.

Con l'avanzamento delle tecnologie di illuminazione, è possibile creare ambienti di coltivazione altamente personalizzati e adattabili, in grado di fornire alle piante la luce di cui hanno bisogno per raggiungere il loro pieno potenziale di crescita, indipendentemente dalle condizioni esterne.

4. Applicazioni di Intelligenza Artificiale e Apprendimento Automatico

L'applicazione di intelligenza artificiale (IA) e apprendimento automatico (machine learning) nella coltivazione idroponica rappresenta una frontiera innovativa che promette di trasformare radicalmente il modo in cui vengono gestiti e ottimizzati i processi di crescita delle piante. Utilizzando algoritmi complessi e modelli predittivi, l'IA può analizzare una vasta gamma di dati, compresi parametri ambientali come temperatura, umidità, pH, livelli di nutrienti e intensità luminosa, insieme a dati sulle prestazioni delle piante stesse. Questa analisi approfondita consente di identificare pattern, correlazioni e relazioni non evidenti a occhio nudo, permettendo ai coltivatori di ottimizzare le condizioni di crescita per massimizzare la resa e la qualità delle colture.

Un'applicazione chiave dell'IA nella coltivazione idroponica è la capacità di creare sistemi di controllo e monitoraggio automatizzati, che regolano dinamicamente i parametri ambientali in tempo reale in risposta alle esigenze delle piante e alle condizioni ambientali mutevoli. Ad esempio, un sistema di controllo basato sull'IA potrebbe regolare automaticamente la temperatura dell'aria e dell'acqua, la concentrazione dei nutrienti e l'intensità luminosa delle lampade in base alle previsioni meteorologiche, al ciclo di crescita delle piante e ai dati storici di crescita. Ciò consente una gestione più efficiente e precisa delle risorse, riducendo al contempo i costi operativi e migliorando le prestazioni complessive del sistema di coltivazione.

Inoltre, l'IA può essere impiegata per l'analisi e l'ottimizzazione dei processi decisionali, fornendo ai coltivatori raccomandazioni personalizzate e in tempo reale su come migliorare le pratiche di coltivazione e massimizzare i rendimenti. Attraverso l'uso di sensori IoT (Internet of Things) e sistemi di monitoraggio wireless, è possibile raccogliere dati in tempo reale sullo stato delle colture e dell'ambiente circostante, che vengono poi elaborati e analizzati dall'IA per identificare potenziali problemi e suggerire soluzioni immediate.

Inoltre, l'IA può essere utilizzata per la diagnosi precoce di malattie e stress delle piante, attraverso l'analisi di segnali e sintomi rilevanti nelle immagini delle colture acquisite tramite sistemi di visione artificiale. Ciò consente ai coltivatori di intervenire prontamente per prevenire la diffusione di malattie e minimizzare le perdite di raccolto.

In sintesi, l'impiego di intelligenza artificiale e apprendimento automatico nella coltivazione idroponica offre un potenziale significativo per migliorare l'efficienza, la produttività e la sostenibilità delle colture, aprendo la strada a nuove frontiere di innovazione nel settore agricolo.

5. Esplorazione di Nuovi Materiali per Substrati e Contenitori

Nell'ambito della coltivazione idroponica, l'esplorazione di nuovi materiali per substrati e contenitori rappresenta un importante aspetto di ricerca e sviluppo, mirato a migliorare le prestazioni del sistema di coltivazione, la salute delle piante e la sostenibilità ambientale. I substrati utilizzati nei sistemi idroponici svolgono un ruolo fondamentale nel fornire sostegno alle radici delle piante, garantendo un adeguato drenaggio dell'acqua e una corretta aerazione del sistema radicale. Pertanto, l'identificazione e l'implementazione di materiali avanzati per substrati sono cruciali per ottimizzare la crescita delle piante e massimizzare i rendimenti.

Una delle aree di ricerca più promettenti riguarda lo sviluppo di substrati biodegradabili e compostabili, che possono contribuire a ridurre l'impatto ambientale della coltivazione idroponica eliminando la necessità di smaltire i substrati dopo l'utilizzo. Materiali naturali come la fibra di cocco, la perlite, la vermiculite e la torba sono ampiamente utilizzati nei substrati idroponici per la loro capacità di trattenere acqua e nutrienti mentre forniscono un ambiente aerato alle radici delle piante. Tuttavia, l'uso di questi materiali può presentare sfide in termini di sostenibilità a lungo termine e di gestione dei rifiuti. Di conseguenza, sono in corso ricerche per sviluppare alternative biodegradabili e compostabili, come substrati a base di materiali organici riciclabili o scarti agricoli.

Oltre ai substrati, anche i contenitori utilizzati nei sistemi idroponici stanno subendo un processo di innovazione e miglioramento. Tradizionalmente, i contenitori sono realizzati in plastica o ceramica, ma ci sono crescenti interessi verso l'utilizzo di materiali biodegradabili e riciclabili. Ad esempio, vasi e contenitori realizzati con materiali bioplastici o biocompositi possono offrire vantaggi in termini di sostenibilità ambientale, consentendo una smaltimento ecocompatibile alla fine del loro ciclo di vita. Inoltre, l'impiego di materiali traspiranti e permeabili all'aria può favorire una migliore aerazione delle radici e prevenire il ristagno d'acqua nei substrati, riducendo il rischio di marciume radicale e malattie fungine.

In conclusione, l'esplorazione di nuovi materiali per substrati e contenitori rappresenta un ambito di ricerca cruciale per l'evoluzione e l'ottimizzazione della coltivazione idroponica. L'adozione di materiali biodegradabili, compostabili e sostenibili può contribuire a ridurre l'impatto ambientale della produzione alimentare e promuovere la sostenibilità a lungo termine del settore agricolo.

6. Sviluppo di Sistemi Integrati di Gestione delle Risorse

Lo sviluppo di sistemi integrati di gestione delle risorse rappresenta un passo avanti significativo nell'ottimizzazione delle coltivazioni idroponiche. Questi sistemi mirano a massimizzare l'efficienza nell'uso delle risorse disponibili, riducendo gli sprechi e minimizzando l'impatto ambientale.

Uno degli aspetti chiave di questi sistemi è la gestione integrata dell'acqua, dei nutrienti e dell'energia. Questo viene realizzato attraverso l'implementazione di tecnologie avanzate di monitoraggio e controllo, che consentono di ottimizzare i livelli di irrigazione, di nutrizione e di illuminazione in base alle esigenze specifiche delle piante e alle condizioni ambientali.

Inoltre, i sistemi integrati possono comprendere l'uso di tecniche di riciclaggio delle acque reflue e dei nutrienti, che consentono di ridurre al minimo gli sprechi e di massimizzare l'efficienza nell'uso delle risorse. Questi sistemi possono anche integrare l'uso di fonti di energia rinnovabile, come l'energia solare o eolica, per alimentare le operazioni di coltivazione, riducendo così l'impatto ambientale complessivo dell'attività agricola.

Inoltre, i sistemi integrati possono includere l'impiego di pratiche agricole sostenibili, come la rotazione delle colture, la coltivazione intercalare e la gestione integrata delle infestanti e dei parassiti, che contribuiscono a mantenere un equilibrio ecologico nell'ambiente di coltivazione.

In definitiva, lo sviluppo di sistemi integrati di gestione delle risorse rappresenta un'importante evoluzione nell'ambito delle coltivazioni idroponiche, che permette di raggiungere livelli di efficienza e sostenibilità prima impensabili.

XX. Esempi pratici e studi di casi di successo in coltivazioni idroponiche

1. Studio di caso: Coltivazione verticale in ambiente urbano

Lo studio di caso sulla coltivazione verticale in ambiente urbano offre un'opportunità intrigante per esplorare le dinamiche complesse di questa pratica agricola innovativa. Nelle aree urbane densamente popolate, lo spazio disponibile per l'agricoltura è spesso limitato e costoso. Tuttavia, la coltivazione verticale offre una soluzione promettente per ottimizzare l'uso dello spazio, consentendo la produzione di una vasta gamma di colture in spazi verticali, come grattacieli, pareti, e persino sospese in aria. Questo approccio creativo alla coltivazione ha il potenziale per trasformare il paesaggio urbano, trasformando gli edifici in veri e propri giardini verticali.

Uno degli aspetti più affascinanti della coltivazione verticale è la sua capacità di ridurre la dipendenza dalle risorse tradizionali, come il terreno e l'acqua. Utilizzando sistemi idroponici o aeroponici, le piante possono essere coltivate senza suolo, riducendo significativamente l'ingombro e l'impatto ambientale associato all'agricoltura convenzionale. Inoltre, la coltivazione verticale può essere integrata con tecnologie avanzate, come l'illuminazione a LED e i sistemi di monitoraggio automatizzato, per ottimizzare le condizioni di crescita e massimizzare la resa delle colture.

Un esempio pratico di coltivazione verticale in ambiente urbano è rappresentato dalla trasformazione di vecchi edifici industriali o commerciali in giardini verticali. Questi spazi riconvertiti possono ospitare una vasta gamma di colture, dalle erbe aromatiche e insalate alle verdure a foglia verde e persino alberi da frutto. Grazie alla flessibilità dei sistemi idroponici, le colture possono essere posizionate in modo ottimale per massimizzare l'esposizione alla luce solare e garantire una distribuzione uniforme dei nutrienti e dell'acqua.

Inoltre, la coltivazione verticale può avere un impatto positivo sulla salute e il benessere delle comunità urbane, fornendo un accesso più diretto a prodotti freschi e locali. Con la crescente consapevolezza sull'importanza di una dieta equilibrata e sostenibile, i giardini verticali possono diventare punti focali per la comunità, promuovendo la condivisione di conoscenze e la partecipazione attiva nella produzione alimentare locale.

Attraverso l'esplorazione di casi di studio come questo, è possibile comprendere appieno il potenziale della coltivazione verticale per trasformare le città in luoghi più verdi, sostenibili e resilienti. Questo studio di caso fornisce un'analisi dettagliata dei benefici, delle sfide e delle migliori pratiche associate alla coltivazione verticale in ambiente urbano, offrendo preziose lezioni per coloro che desiderano adottare questa pratica innovativa.

2. Esperienza di un'azienda agricola familiare

Immaginiamo di immergerci nell'esperienza di un'azienda agricola familiare che ha abbracciato la coltivazione idroponica come parte integrante delle proprie operazioni. Questa famiglia, da generazioni impegnata nell'agricoltura tradizionale su terreno, ha deciso di abbracciare l'innovazione della coltivazione idroponica per affrontare le sfide del cambiamento climatico, della scarsità di acqua e della diminuzione delle risorse naturali.

L'azienda agricola familiare ha iniziato la sua transizione verso la coltivazione idroponica con un approccio graduale, dedicando parte delle proprie risorse alla ricerca, alla formazione e allo sviluppo di competenze specifiche. Inizialmente, hanno scelto di convertire una piccola parte della loro terra in un impianto idroponico pilota, sperimentando con diverse tecniche di coltivazione, substrati e sistemi di irrigazione.

Con il passare del tempo e l'acquisizione di esperienza, l'azienda agricola familiare ha espanso la sua attività idroponica, dedicando sempre più risorse e terreno alla produzione di colture idroponiche. Hanno investito in tecnologie avanzate di controllo ambientale e monitoraggio, garantendo condizioni ottimali per la crescita delle piante e massimizzando la qualità e la resa del raccolto.

Una delle sfide principali affrontate dall'azienda agricola familiare è stata quella di adattare le proprie pratiche agricole e la gestione aziendale alle esigenze specifiche della coltivazione idroponica. Hanno dovuto apprendere nuove competenze, comprendere i principi della fertirrigazione e della gestione dei nutrienti, nonché adottare un approccio più scientifico alla coltivazione delle piante.

Tuttavia, nonostante le sfide iniziali, l'azienda agricola familiare ha goduto di numerosi vantaggi derivanti dalla coltivazione idroponica. Hanno notato un significativo aumento della produttività e della qualità del raccolto, grazie al controllo preciso delle condizioni di crescita e alla riduzione dei rischi legati alle malattie del suolo e agli attacchi di parassiti.

Inoltre, l'azienda agricola familiare ha riferito di un maggiore risparmio di acqua e di input agricoli, grazie alla riduzione dello spreco e alla capacità di riciclare e riutilizzare i nutrienti. Questa transizione verso la coltivazione idroponica ha anche contribuito a migliorare la sostenibilità complessiva dell'azienda agricola, riducendo l'impatto ambientale e garantendo una produzione alimentare più resiliente e affidabile per le generazioni future.

3. Progetto di coltivazione idroponica in ambienti remoti

Immaginiamo di esplorare il caso di un progetto di coltivazione idroponica avviato in ambienti remoti, dove le condizioni climatiche e geografiche presentano sfide uniche per l'agricoltura tradizionale. Questo progetto, nato da una collaborazione tra istituzioni scientifiche e comunità locali, mira a fornire un'alternativa sostenibile per garantire la sicurezza alimentare e promuovere lo sviluppo economico nelle regioni remote e isolate.

In questo contesto, la coltivazione idroponica emerge come una soluzione promettente, in grado di superare le limitazioni legate alla disponibilità di suolo fertile e risorse idriche limitate. Il progetto si basa su sistemi idroponici innovativi e adattabili, progettati per operare in condizioni ambientali estreme e offrire una produzione alimentare affidabile e di alta qualità.

Una delle sfide principali affrontate dal progetto è stata quella di progettare sistemi idroponici robusti e efficienti, in grado di operare in ambienti remoti caratterizzati da temperature estreme, terreni aridi e accesso limitato alle risorse. Sono state sviluppate soluzioni personalizzate, utilizzando tecnologie avanzate di controllo ambientale e sistemi di monitoraggio remoto per garantire un'adeguata gestione delle condizioni di crescita delle piante.

Inoltre, il progetto si è concentrato sull'identificazione e sulla selezione delle colture più adatte alle condizioni ambientali specifiche delle aree remote. Sono state considerate varietà di piante resilienti e adattabili, in grado di prosperare in ambienti con limitate risorse idriche e nutrienti. La diversificazione delle colture è stata incoraggiata per garantire una maggiore sicurezza alimentare e una migliore resilienza ai cambiamenti ambientali.

Un aspetto cruciale del progetto è stato anche l'empowerment delle comunità locali, coinvolgendo gli abitanti delle aree remote nel processo decisionale e nell'implementazione delle pratiche agricole. Sono stati organizzati programmi di formazione e workshop per trasferire conoscenze e competenze sulla coltivazione idroponica, consentendo alle comunità di gestire in modo autonomo i propri sistemi e migliorare la loro sicurezza alimentare e benessere economico.

In definitiva, il progetto di coltivazione idroponica in ambienti remoti rappresenta un esempio tangibile di come l'innovazione tecnologica e la collaborazione tra settori possano contribuire a risolvere sfide complesse e promuovere lo sviluppo sostenibile nelle regioni meno accessibili del mondo.

4. Innovazioni tecnologiche nell'agricoltura verticale

Il continuo sviluppo delle tecnologie nell'ambito dell'agricoltura verticale ha portato a una serie di innovazioni che stanno trasformando radicalmente il modo in cui vengono coltivate le piante in ambienti urbani. Una di queste innovazioni riguarda l'integrazione di sistemi automatizzati di gestione e monitoraggio, che consentono una maggiore precisione e controllo sui processi colturali.

I sensori di ultima generazione, ad esempio, sono in grado di rilevare in tempo reale una vasta gamma di parametri ambientali, come umidità del suolo, temperatura, livelli di nutrienti e CO_2. Questi dati vengono quindi elaborati da sofisticati algoritmi di intelligenza artificiale, che forniscono informazioni dettagliate sullo stato di salute delle piante e consentono interventi tempestivi per ottimizzare le condizioni di crescita.

Un'altra importante innovazione è rappresentata dai sistemi di illuminazione LED ad alta efficienza energetica e spettro personalizzabile. Questi dispositivi consentono di fornire alle piante la luce di cui hanno bisogno in modo mirato, ottimizzando il processo fotosintetico e massimizzando la produzione di biomassa. Inoltre, la possibilità di regolare il colore e l'intensità della luce consente di simulare cicli di luce naturale e di adattare la coltivazione alle esigenze specifiche di ogni coltura.

Un'altra innovazione cruciale è rappresentata dalla tecnologia di coltivazione aeroponica, che elimina completamente l'uso del suolo e utilizza soluzioni nutrienti nebulizzate per alimentare le radici delle piante. Questo approccio permette di massimizzare l'assorbimento dei nutrienti e di ridurre il consumo di acqua, consentendo nel contempo una maggiore densità di coltivazione e una crescita più rapida delle piante.

Infine, vale la pena menzionare l'uso crescente della stampa 3D per la creazione di sistemi idroponici personalizzati e modulari. Questa tecnologia consente di progettare e produrre rapidamente componenti su misura per le esigenze specifiche di ogni coltivazione, riducendo i costi e migliorando l'efficienza complessiva del sistema.

In definitiva, le innovazioni tecnologiche nell'agricoltura verticale stanno rivoluzionando il settore, rendendo possibile una produzione alimentare più sostenibile, efficiente e adattabile alle esigenze delle comunità urbane.

5. Collaborazioni tra agricoltori e scienziati

Le collaborazioni tra agricoltori e scienziati stanno emergendo come una componente fondamentale nello sviluppo e nell'avanzamento delle coltivazioni idroponiche. Questa sinergia tra chi opera sul campo e chi si occupa di ricerca scientifica consente di combinare conoscenze pratiche con approcci basati sull'evidenza, per affrontare sfide complesse e migliorare le pratiche colturali.

Gli agricoltori portano con sé una vasta esperienza sul campo e una comprensione approfondita delle esigenze delle piante, acquisite attraverso anni di pratica e osservazione diretta. Grazie a questa conoscenza pratica, sono in grado di identificare problemi specifici e di sviluppare soluzioni adatte alle condizioni locali.

D'altra parte, gli scienziati apportano competenze specialistiche nel campo della biologia delle piante, della chimica del suolo, della fisiologia vegetale e di altre discipline correlate. Utilizzando metodologie scientifiche rigorose, sono in grado di condurre studi approfonditi per comprendere i meccanismi sottostanti ai processi di crescita delle piante e per sviluppare nuove tecnologie e pratiche colturali.

Le collaborazioni tra agricoltori e scienziati possono assumere diverse forme, che vanno dalla partecipazione diretta degli agricoltori alla ricerca scientifica, all'organizzazione di workshop e conferenze in cui esperti di entrambi i settori possono condividere conoscenze e esperienze. Inoltre, le aziende agricole e le istituzioni accademiche possono stabilire partnership a lungo termine per condurre ricerche collaborative e sperimentazioni sul campo.

Un esempio di collaborazione tra agricoltori e scienziati potrebbe riguardare lo sviluppo di sistemi di monitoraggio avanzati per valutare lo stato di salute delle piante e ottimizzare le pratiche colturali. Gli agricoltori potrebbero contribuire con la loro esperienza pratica nella progettazione e nell'implementazione di questi sistemi, mentre gli scienziati potrebbero fornire l'expertise tecnica necessaria per interpretare i dati raccolti e tradurli in raccomandazioni pratiche per gli agricoltori.

In conclusione, le collaborazioni tra agricoltori e scienziati sono essenziali per il progresso delle coltivazioni idroponiche, consentendo di combinare conoscenze pratiche con approcci scientifici per sviluppare soluzioni innovative e sostenibili per l'agricoltura del futuro.

Vuoi un nostro libro a soli 0,99€? Ecco come fare!

Ciao!
Se ti è piaciuto questo libro, puoi ricevere il prossimo titolo **a soli 0,99€**, scegliendo tra:

- eBook
- PDF di un libro cartaceo

Segui questi semplici passaggi:

1. Condividi la tua esperienza sul sito dove hai effettuato l'acquisto.

2. Invia uno screenshot **del tuo feedback** dove si legge anche la dicitura "Acquisto verificato" a: info.testicreativi@gmail.com

3. Riceverai un codice sconto personale da utilizzare sul nostro store online, valido per ottenere il prossimo libro **a soli 0,99€**.

La tua opinione conta davvero: ogni recensione ci aiuta a crescere e permette a nuovi lettori di scoprire i nostri libri.

Grazie di cuore per il tuo tempo e buona lettura!

www.ingramcontent.com/pod-product-compliance
Lightning Source LLC
Chambersburg PA
CBHW071052240526
45471CB00015B/1708